日本学研社编辑部◎编

CHAOSHIYONG TINGYUAN JINGGUAN DABAIKE

超实用庭院景观大百科

吴宣劢◎译

福建出版发行集团 | 福建科学技术出版社
THE STRAITS PUBLISHING & DISTRIBUTING GROUP | FUJIAN SCIENCE & TECHNOLOGY PUBLISHING HOUSE

CONTENTS

目录

第一章

不同风格的庭院实例

开始打造庭院的时候，我们总会被庭院的设计风格所困扰。
为此，这章先向大家介绍6款设计风格突出的案例。揭秘那
些让人赏心悦目的风景背后所蕴含的各种绝妙创意。

自然英式风格庭院

—— 宫崎圭

立体展现一年四季盛开的玫瑰与草本植物

将玫瑰牵引到凉棚上生长。立式花盆里种植的是一年生的草本植物，而通过靠在墙壁上的园艺支架等，进一步增加了庭院的立体感。

这些花朵较小的玫瑰是一年四季开放的，左方的玫瑰名为"泰迪熊"，不太容易招虫。而右方的玫瑰则名为"波利安玫瑰"，每个花枝上会开出许多花朵。

利用盆栽装饰不太适合植物生长的背阴处，只要将这些植物适时地移到有日照的地方，就可以保证它们健康生长了。

各个角落的小物件都在释放魅力

宫崎先生家的庭院里主要种植草本植物和一年四季都在开放的玫瑰，以盆栽与直接栽培相组合，非常方便管理。这里一年四季都可以看到各色的花草。此外，为了展现出庭院角落的景色，玫瑰主要选择花朵比较小的品种，这样可以与普通的草本植物相辅相成，从而展现出一种清新的自然风。

宫崎先生家的庭院还有一个显著的特点，那就是立体感极强。他通过高低不同的植物、花坛营造出立体感，甚至利用立式花盆本身的视觉效果极力突出这一点。庭院里那个遮阴的凉棚，可是出自宫崎先生之手呢。在凉棚上通过"S"形挂钩来悬挂花盆，用绿色来围绕出一个夏日休憩的好去处。

宫崎先生说："为了展现出我心目中的英式风格的花园，我在庭院的小路上使用了陈旧的砖块，有的砖块还来自于国外呢。"

我们在宫崎先生的庭院周围的角落中还看到了许多古董级的园艺工具，还有小天使的雕像等。这些物件与植物融为一体，展现出英式庭院的典雅情调。

这个凉棚可是宫崎先生自己打造的，凉棚下铺了一层木板，增加了休闲的氛围。此外，在凉棚上还悬挂了各式盆栽，为简单的凉棚带来了别样的情趣。

色调比较暗沉的砖墙与植物的搭配，让人印象深刻。由近到远高度逐渐上升的花坛与砖墙交相呼应，展现出了远近的距离感。

在角落中增添物件来打造氛围

当有客人到访花园的时候，在喂鸟的小台子上摆放了一个小天使的雕塑，并且插上鲜花，浪漫的氛围立马就呼之欲出了。

这个圆形的立式花盆架是来自英国的二手货，虽说已经生锈了，但却更好地与庭院的环境融为一体。

自然英式风格庭院

玻璃屋英式风格庭院

——手冢泰子

从起居室中延伸出来的空间

家里不仅非常敞亮，从起居室望向庭院风景也美

手冢女士和手冢先生曾经因为出差在英国待过两个星期，当时他们就被当地的氛围和庭院所深深吸引了。回到日本之后，他们就开始打造自己的庭院，不管是大型物件还是小摆设都亲手打造。

手冢女士主要是负责制作一些小物件和小招牌等。而手冢先生本来就是木工，所以可以轻松地打造一些大型物件。其中最有特色、耗时最长的，就是从起居室中延伸出来的玻璃屋。这种形式的玻璃屋在英国主要是作为植物的温室。手冢先生先是单独将各个部件准备好，然后把起居室的窗户等拆掉，最后将部件组装在一起。在组装各部件的时候，起居室有两周的时间都处于完全开放的状态。"现在想来，当时的工作虽辛苦却充满了乐趣。"手冢女士说，"有了这个玻璃屋，家里不仅变得更加敞亮了，而且从起居室望向庭院的风景也很美。"

在手冢女士家的英式庭院中可以看到含羞草、茉莉花等不同季节的植物，而在玻璃屋中享受庭院的美景更带来了无上的幸福感。他们家的庭院因为这个玻璃屋还变得远近闻名呢。

在庭院的正面可以看到手冢先生制作的一个木门。在木门上还缠绕着一些植物，自然清新的氛围让人印象深刻。

坐在庭院的遮阳伞下享受美食，实在是太幸福了。今天的美食是以庭院中种植的旱金莲和菊苣自制的三明治。

花园中四处散布的小物件也都是夫妇俩的手工制品

右/手冢先生自己制作的邮箱，而材料是来自于打造庭院时剩下的一些边角料。
左/在小兔造型的雕塑表面贴上了绵毛水苏的叶子，是手冢女士的作品。

通过牵引木香玫瑰，让玻璃屋与庭院融为了一体。而灰褐色墙壁与白色窗棂的对比又充满了时尚感。

这个玻璃屋中阳光充足，让人不禁为之一振，这也是手冢夫妇俩最喜欢的地方。靠近玻璃门的区块是蔬菜的种植区，需要摘取的时候非常方便。

玻璃屋英式风格庭院

普罗旺斯风格庭院

—— 远藤初子

陈旧的黄色屏障充满了韵味

远藤女士家的入口处，一个长满了玫瑰的白色拱门，红色的邮箱上爬满了绿绿的爬山虎，成为风景中的点睛之笔。

左/木甲板上摆放的小桌子和椅子。
右/凉棚周围的景象，在山桃树等树木的环绕下呈现出了极其休闲的氛围。

在庭院的桌椅旁享受清闲的时光

远藤家的庭院展现出的是法国的田园风格，这样的庭院可是经过远藤夫妇好多年的精心照料才打造出来的。远藤女士在参考了许多的庭院书籍之后有了一个简单的概念，并且画出了自己理想的庭院设计图。根据这张简单的设计图，远藤先生为自己的妻子打造出了她心中的梦想花园。

在细长形的庭院中，一上台阶首先可看到右手边的前院，然后是架设了一个凉棚的木甲板，之后则是铺设了砖块的中庭。在中庭内还有水泥墙，可以完全阻挡外面的视线。带有陈旧色调的黄色屏障上铺设了小小的砖块，而特意打造的造型窗户则展现出了普罗旺斯的风格。在墙壁上或者树干上还缠绕了许多藤蔓类植物，菟葵等草本植物增添了野外的气息，更加丰富了庭院的氛围。

远藤女士说："墙壁与树木环绕起来的空间让人特别地安心。"在中庭与前院之间的木甲板上，再放一张桌子和两把椅子，不管是喝下午茶，还是开小派对，都是那么惬意和放松。

台阶的一侧上有一个手工打造的木架子，上面摆满了绿色的小植物和杂物。不加修饰的原始样貌，别有一番风味。

中庭的墙壁上还有小窗，完美展现出普罗旺斯的氛围。小窗台上盛开的小绣球花与黄色的墙壁交相呼应。

黄色的墙壁与爬山虎的色彩对比，多彩而自然的景象呼之欲出

黄色的墙壁上还有爬山虎的影踪，黄色与绿色的对比，加强了庭院的自然风格。

黄色的墙壁与木门、带有斑驳和苔藓的砖块，这里的景色可是远藤女士家独有的哟。看到此，你是不是联想到了普罗旺斯的悠闲景致呢？

巴厘岛假日风格庭院

—K先生

南国植物、家具与小道具的组合

车库上方的悠闲私人空间

K先生的庭院主题是"亚洲式度假村"。这个灵感来自于K先生去巴厘岛游玩时获得的视觉冲击，他被巴厘岛自然明亮的氛围所深深吸引了。

庭院的设计和施工都是通过"世田谷"公司完成的。庭院中主要是采用了枝繁叶茂的多年生植物，然后搭配具有日式风格的与庭院氛围相符的各种物件。这里有许多南国氛围的植物，例如威灵仙花、天使号角花等。此外，还有日式的植物品种。

为了进一步呈现出度假村的悠闲氛围，庭院的各个位置上都摆放了许多来自巴厘岛的物件或者家具。白色的雕像在植物丛中若隐若现，充满了异国情调。

实际上，这个庭院是建在车库上方的。这个空间的地面已经铺上了瓷砖，庭院本身位置较高，所以路人也不太能看到庭院内部，所以就让人更加地悠闲舒畅了。这个小庭院与起居室的半圆形窗户融为一体，增加了房间的敞亮感，是他们夫妇最喜欢的私人空间。

房子的墙壁是白色的，让人觉得神清气爽。木栅栏的下方铺设了瓷砖，维持了与庭院的一体感。

庭院里摆放了产自巴厘岛的家具、物件等，空间很是宽敞。白色的靠枕、白色的茶具、编织的桌布等，这些物件都充满了巴厘岛的浪漫休闲氛围。

近处是鲜艳的绿色百子莲，远处是生长旺盛的迷迭香，这些繁茂的绿色植物会让人联想起亚洲的风情。

光滑的树皮和具有独特造型的枝干，一看就不是日本当地的树木。果真，这棵紫薇的原产地是东南亚地区。每当夏季，紫薇都会开出粉红色的花朵，甚是可爱。

在背光处的树阴下可以看到生长旺盛的常春藤和具有极强亚洲特色的藤蔓类植物，而绿色丛中的一个空陶壶也极具特色。

起居室往外凸出一个半圆空地，与庭院融合在一起，增添了整体的和谐感。身处起居室中，让人不禁想探出身去看看庭院的美景。

活用巴厘岛的特产，营造亚洲旅游风

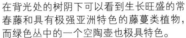

要点

右/一个小小的方形工艺品被安装到了墙壁上，其原产地就是巴厘岛。左/白色的人像和木质的灯台为庭院增添了不少的巴厘岛风情。

遮阳伞下优雅风情的桌椅，坐此饮上一杯茶，实在是再惬意不过了。这里的家具和小物件都是男女主人精心挑选的。

野外丛林风格庭院
——田边昭典
树木自然曲折，枝繁叶茂

在自己家就可以欣赏到的自然风光

田边女士常说："我的庭院经常有小鸟光顾，不管是鸽子还是大山雀，只要是看到它们跃动的身姿我就觉得无比开心。"在建新家的时候，田边女士请"石正园"公司帮忙打造了这个庭院。当时田边女士只有一个要求，那就是希望，身处都市之中的自己也能够随时感受到大自然的美丽和乐趣。

在庭院的植物中，最基本的是灌木类。在经常下雪的地方，植物的根部往往都有一些盘曲的造型，而田边女士选取的植物则都是这一类的。而山里的树木，一般下面部分都不会有太多的旁枝，所以庭院里的树木也是这种风格。此外，树木的枝叶都比较繁密，还会互相交错在一起。这些植物在普通的日式庭院里是不会使用的。

在庭院的中间还有一条小小的溪流，这也是一大看点。溪流的上游有许多大石头，而下游则是细小的石头，完全仿照了自然界的风貌。

庭院的周围设置"L"形的房间，而且每个房间都安上了大大的玻璃窗，坐在家里就可以看到窗外的自然美景。

从田边女士的家中望出去可以看到这样自然的美景。红松和鹅耳枥在岩石中蜿蜒生长，充满了自然的趣味。

在小溪的上流可以看到大块的岩石，让人仿佛身处野外。这样的岩石不仅彰显了独特的存在感，更是庭院中的一大看点。

庭院中的溪流更增加了自然的氛围。左方枫树的根部造型也极其自然。

要点

在溪流中种植芥末根，展现野外的细节美

在小溪的石头旁边可以看到种植的芥末根，充满了野外的氛围。当我们看到这个细节的时候，不仅心中为之一振，在细节中展现自然美。

右/从起居室往外看，就好像是小山中的一景。
左/小池、小桥，这是日本丹泽地区（神奈川县）的野外一景，田边女士在自家的庭院里呈现了这一风景。当鸟儿飞来栖息觅食的时候，为了保护小水池中鱼类，田边女士还需要定期在上面安一张网。

针叶林四季风格庭院

—太田一郎

利用树形和叶色的区别来组合

针叶类植物的种类、树形、叶色等都不太一样。在它们的根部还种植了蝴蝶花、甜香雪球等植物，这些植物的开花期较长，为庭院增添了魅力。

植物的根部用蝴蝶花等装饰，营造明亮的视觉效果

太田先生在打造自己的庭院之前，就希望今后的一年四季都可以观赏到庭院美景，于是他选择了四季常青的针叶类树木。针叶类植物品种非常多，比如圆锥形的绿松、生长蓬勃的柯尼卡松、枝叶下垂的菲力菲拉松等。它们都具有极强的生命力和独特的造型，而且颜色丰富，从深绿色到黄绿色、银绿色等，各色各样。利用针叶类植物之间的区别，可以打造出极强的视觉效果。为了丰富庭院的视觉效果，太田先生在小灌木的根部还种植了许多的蝴蝶花等植物，让庭院一下就明亮了起来。

玄关的位置还有一个拱门，这也是极具特色的设计。当金银花的枝叶低垂下来的时候，从那里走过都会感受到一阵清凉。

对太田先生来说，这样一个四季常青的庭院，是人生不可多得的享受之地。

这里可以种植喜阴的植物，例如叶蓟、苋葵等。这样，在针叶树木或者墙壁的遮掩下，我们仍然可以得到一片生机盎然的风景。

这是爬满了金银花的拱门。从拱门外望过去，仿佛可以感受到庭院的幽深和安谧。

要点

四处分布的砖块让庭院与建筑物显得更加和谐

太田先生在打造自己的庭院时用了许多的砖块，铺设在花坛的边缘、小水池边缘等。在他住家的外面也有砖块的墙壁，这就很好地统一了庭院与建筑物的氛围。

第二章

如何提升庭院的品位

简单的小创意就可以让你的庭院充满个性与魅力。
本章中我们将为大家介绍栅栏、狭小空间中的各种精彩创意，并且按照不同的庭院进行
详细的分类。

庭院周围

在看庭院整体效果的时候，我们还会看到庭院周围的景色。如果能注意到庭院边缘的设计，那肯定可以提升整体的视觉效果。

如何才能设计出具有时尚感的庭院？

利用空隙打造放松的空间

这是L形庭院里的一个小小的休息空间。周围的木栅栏形成了一个墙壁的感觉，所以整体看起来像一个小屋。在属于自己的小空间里享受休闲的时光，着实是一件非常惬意的事情。

要点 白色与绿色相辅相成，打造出了清爽的氛围

葫芦状的小花坛，造型独特

在直线形的花坛外，用砖块摆出了一个葫芦状的小花坛。独特的造型让人过目不忘，而线条的对比又增强了画面感。在草坪的衬托下，砖块的色彩更加突出，色彩鲜艳而美丽。

要点 将攀爬型的玫瑰牵引到木栅栏上生长，开花时期让庭院更加美艳

白色的墙壁突显了花朵的娇艳

将砖块的墙壁涂成白色，瞬间就展现了西班牙式的异国情调。而高低错落的花盆又与墙壁的色彩、造型产生了强烈对比，突出了花朵的娇艳。这样的一堵墙壁还营造了私密的空间，真是一举两得的巧思。

L形的长椅旁盛开玫瑰，变身庭院的焦点

在庭院的一个角落架设两张长椅，长椅的背后是木栅栏，还有可以攀爬的玫瑰。地面上用小瓷砖铺设出一个圆形区域，各种元素的对比鲜明和谐。从起居室看出去刚好能捕获到这个景色，真是难得的庭院焦点。

要点 半圆形的小窗上摆放朝外盛开的花卉，带给路人惊喜和快乐

狭小空间

在有限的空间里，通过巧思和设计一样可以带来震撼人心的效果。而且，正是因为空间的狭小才有了紧凑的感觉，独具的魅力。下面为大家介绍的就是通过砖块或者植物来打造的迷人小空间。

要点 砂石和大块的石头可以阻止杂草的生长

A 用砂石将三角形的狭小空间变成个性小花园

这个庭院里有一个三角形的空间，首先地面上直接种植了植物，而且还摆放了一些盆栽。此外，还摆放了较大的石头，可以让我们走到边缘的位置。在这样的一个狭窄空间里，通过对砂石的巧妙利用，展现出了一个宽敞而具有个性的小花园。

A 在狭窄的小路上架设屋檐，打造让人放松的空间

在庭院的一条狭窄的小路上架设屋檐，从而打造一个简单的空间，甚至可以坐下两个成年人。地面上不仅铺设了砖块，还种植了一些藤蔓类植物，丰富了这个空间的美感。

要点 墙壁上钉钉子，展示的花盆挂上可以

Q 如何提升有限空间的美感？

A 用花坛来增加居住环境的自然氛围

在房屋的墙脚设置了细长的花坛，用砖块和种植的植物给居住环境增添自然氛围。花坛旁边还有网状的铁架子，可以摆放自己心仪的盆栽。

要点 木材容易腐烂，选用砖块更佳

A 建筑物下方的空间用砖块打造成一个小小的园艺区

在建筑物的下方与道路衔接的部分有一定的空间，这里用砖块和花盆可以打造出一个小小的园艺区。先用砖块围一个空间，加入土壤就可以种植连钱草、紫雏菊等植物。红色的搪瓷洒水壶也为这个小空间增添了特色。

背阴庭院

背阴的环境一般都不太适合植物的生长。不过，如果能够选择比较喜阴的植物，然后适当地移动它们的位置，保证它们获取所需阳光，背阳的庭院一样可以充满园艺的乐趣。

 背阴的地方如何享受园艺的乐趣？

使用花盆种植，方便移动植物也长得好

如果在背阴的地方种植喜阳的植物，那就要使用花盆种植，这样才能够方便移动。只有保证了充足的阳光，植物才能长得好。在这个花园里，红色的玫瑰与橘黄色的三色堇很有特色。

在背阴处用落新妇等植物来装点

这个区域可谓是一个阳光的死角，每天只有早上的2个小时有阳光的照射。于是，我们就选择了喜阴的植物，例如落新妇、凤仙花、藤蔓绣球花等。色彩娇艳的植物再搭配枕木、沙石，瞬间变身为亮丽的风景。

要点 用枕木和沙石来增加地面元素的变化

要点

植物生长不佳的位置铺设砖块

 Q

如何改变昏暗的氛围？

 A

多彩的瓷砖打造活跃的气息

屋檐下的空间一般都是背阴的，下面摆放了一张铺设了多彩瓷砖的小桌子。而地面则利用瓷砖、石砖的组合，打造了一个更加多彩的空间，让整体的氛围瞬间就活跃了起来。

 A

大树下用绿色的珍珠金叶草来装点

在大树下往往是一个半阴凉的空间。这个区域内曾经尝试过各种花草，最终发现珍珠金叶草长得最好，于是用它装点这个小小的空间。此外，比较喜阴的蒊葵、车前草、百合等都比较适合。

A

藤蔓植物攀爬的墙壁，打造轻松悠闲的氛围

原本这里的墙壁色彩单调，可是在有了藤蔓植物的攀爬之后就立马丰富了。半阴的位置上种植了威灵仙花、百子莲等植物。

要点

陈旧的木桶突显了花草的存在感

 A

以白色为基调，展现明亮的氛围

这里种植北极花来增加立体感。在木桶的周围是比较背阴的区域，所以栽培了一些喜阴的植物，例如甜香雪球、车前草、百合等。为了打造明亮的氛围，这里采用白色作为空间的色彩基调。

玄关前方、门框周围

玄关前方和门框周围比较容易吸引路人的注意力，也是一家之门，关乎整体的氛围。在选择植物的时候，既要照顾到不影响视线，又要能突显出家的氛围。

要点

造型独特的花盆展现萌动的心

A 使用花盆等让没有土壤的玄关也生机勃勃

花盆有高低之差，而墙壁上安装的网格又可以悬挂花盆，这就让一个没有任何土壤的玄关也变得生机勃勃。花卉的选择方面，通过同色系且偏冷色系的植物来打造统一的协调感。

 A 着重色彩的对比，装点立体的花盆

在玄关的位置立了一根很大的枕木，然后在上面悬挂了几个花盆。通过花盆间高低的对比，展现出时尚的立体感。而正在开花的香雪球与棕褐色的枕木，形成了极强的色彩对比。

 A

缠绕四季开花和单季开花的玫瑰，门柱娇媚迷人

在玄关的两旁有粗粗的两根门柱，通过牵引的方式让玫瑰缠绕在门柱上生长。选择比较好养的品种，然后混合四季开花和单季开花的玫瑰，让我们可以时时刻刻地感受到美的存在。

要点

从低到高的变化就像是音阶一般美丽

要点

左右两侧的花大多色彩不一，丰富了视觉上的变化

 A 通过灌木的高度来展现三个层次

下方是色彩丰富的三色堇，中间是菊科北极花，上方是日本桧木。这层次错落的部分与玄关的大门相连，丰富而多彩。

停车场

停车场往往都铺满了水泥，自然给人一种冷硬的感觉。既然在地面上无法直接种植植物，那就可以利用盆栽等来装点。注意，不要妨碍到车辆的出入。

 A

确保足够的停车空间，用普通素材和植栽营造自然感

在停车场两边的花坛里可以看到在海边比较常见的漂流木；而枕木与网格覆盖了围墙的位置，将死板的墙壁改装成了更加有自然气息的空间。

要点 ▶ 砖块挨着堆砌即可打造的空间

Q

实用和美观，到底要如何两全？

要点 白色的框架，拱形的屋顶，延伸到远方的小屋

A

植物与杂物的组合让人眼前一亮

将普通的木格子涂抹成白色，然后再加上铁丝、铁钩等，组成了一个展示植物和杂物的小空间。这样的方式可以为车辆腾出更多空间，瓶瓶罐罐类的杂物都可以悬挂起来，让你在有限的空间内收获更大的惊喜。

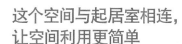

A

停车场上方的空间

在停车场上方有一个木质结构的空间，这样的设计让住家多出了一片空地。这里可以摆放四季盛开的花卉。原本没有被利用的空间瞬间就变身成一个小小的花园。

要点 墙壁上都是满满的绿色植物，让自然氛围更浓厚

要点 这个空间与起居室相连，让空间利用更简单

通行道路

通行道路，可以让我们随心所欲地在庭院内散步。为了行走更加方便，可以在通行道路上铺设砖块、石块等。

 如何把砖块铺设得美美的？

要点 S形的小路强调的是穿透感

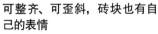

可整齐、可歪斜，砖块也有自己的表情

上图是模仿编织的方式铺设的砖块，而下方的图片则是横竖搭配的方式铺设的砖块。砖块的色彩、形状等大不相同，而铺设方法的不同又会带给我们更多的视觉享受。

 砖块中加入枕木，营造朴质而充满变化的氛围

在弯弯曲曲的小路上铺设了整齐的砖块，显得比较死板。于是，去除了其中的部分砖块，然后铺设枕木来增添其朴质的色彩。砖块、枕木、砂石，这三种元素的融合让眼前的景象也丰富了起来。

通行道路上种植什么植物？

圆形台阶之间的空隙，充满野趣的灯盏花

在枕木地板的前方是圆形的石头台阶，台阶与台阶之间的区域里种植了好多灯盏花，充满了野外的气息。台阶是圆形的，拱门的上方也是圆形的，如此的搭配让人觉得即将走入特别的空间。

石块之间的百里香，营造随意闲散的氛围

在原本比较平缓的小路上铺上石块，然后在石块之间种植比较低矮的百里香，让这个区域仿佛变成了大自然的一角。而且，百里香本身的香味诱人，每次从这里通过都可以让人无比地愉悦。

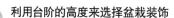

`要点` 台阶上的灯盏花与远处的植物融为一体

`要点` 石块之间的植物柔化了风景，装点了幽深的小路

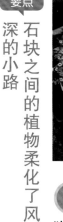

`要点`

狭窄的空间上铺了石块，用垂丝卫矛来点缀

在住家与围墙之间有一条狭窄的小路，上面散乱地铺上了石块，特别的色彩让人印象深刻。此外，这里还种植了下方枝叶较少的垂丝卫矛、鹅耳枥等植物，增添了空间里的色调。

利用台阶的高度来选择盆栽装饰

大门口有一堵弯曲的墙壁，墙壁上摆放了白色的花卉。台阶的两侧也随意地摆放或者悬挂了一些盆栽，增加了这个区域的色彩。

`要点` 随意铺设的石块与直立生长的垂丝卫矛相得益彰

25

栅栏、围墙、墙壁等

栅栏、围墙等占地面积都较大，如果合理地安排可以衬托出庭院的氛围。绿色植物与杂物的组合，又可以进一步增添风景的韵味。

 Q 栅栏和围墙等要如何展现个性?

 A

高低不同的栅栏展现韵律感

在住家庭院的外围设置了栅栏来遮挡生活空间，通过栅栏高低的变化展现出音符一般的韵律感。此外，栅栏的材质、色彩也应该与庭院的整体氛围相搭配。

 A

白色的栅栏与绿色植物纵横交错

在栅栏的选择方面，我们选用白色为主色调，然后通过摆放小盆景起到点缀的效果。在栅栏的柱子上还攀爬了一些藤蔓类植物，丰富了庭院的风景。

要点

栅栏与车轮的颜色统一，让画面更加协调

要点

缠绕在柱子上的植物与悬挂在栅栏上的盆栽都是庭院中的点睛之笔

 A

木格栅栏下摆放旧式车轮，展现花车一般的感觉

牵引贯叶忍冬等植物攀上木格栅栏，突显花卉娇艳的色彩，且与木色互相呼应。在木格栅栏的下方还摆放着两个木制旧车轮，远看仿佛那是一辆载满了鲜花的小车。

 A

不规则中展现出的特别韵味

在大门口，使用不规则的木片打造了一个栅栏。木片的大小和形状各异，让栅栏展现出别具一格的韵味，下方茂密生长的粉蝶花，又增加了这里的自然气息。

要点 花盆中的植物生命力旺盛，并且生命期较长

Q 如何在墙壁上打造亮点？

常春藤与杂物的点缀效果

在墙壁上有一个稍微内陷的空间，架上一块砖块就可以得到一个小小的展示空间。这里种植了常春藤，还摆放了铁质的小桌椅，通过大小和高低的对比，展现出极强的空间感，仿佛眼前正在描绘着一幅生活画。

丰富的色彩，愉悦的氛围

庭院比较狭窄，所以在墙壁上设置了一个木框用来悬挂蝴蝶花等小型植物，在有限的空间内一样可以享受园艺的乐趣。作为花盆使用的盒子原本是用来装点心和零食的，它们丰富的色彩展现出愉悦的氛围。

要点 利用深浅不一的墙壁来打造出属于你的个性空间

要点 使用支撑架来展现高低错落的层次感

在屋檐下墙壁前设置极具个性的展示空间

这个屋檐下原本是用来堆积木材的，不过经过改装就变成了一个独特的展示空间。简单而可爱的小花与生机勃勃的绿色植物，烘托出一种简单而宁静的生活氛围。

Q 如何展现变化多姿的角落？

要点

用飞燕草缠绕栅栏,增加自然的趣味

藤蔓类植物构成的拱门增加了不少自然趣味

通过紫藤和木通等藤蔓类植物打造了一个自然的拱门。在其根部还种植了紫色的飞燕草，与黑色的铁制栅栏形成对比，增加了其自然的趣味。

树枝交织而成的格子无比柔美

利用藤蔓类植物交织而形成的格子比普通的木格子柔美得多，在庭院里的桌子旁摆放一个这样的格子，一定充满了情趣。

建筑物周围

在进行室内与庭院的交界处的空间设计时，要注意到使用的便利性。例如在这里铺设木地板，摆放小桌椅、遮阳伞等，都可以改变其氛围。

自制的披萨烘烤空间，快乐的餐点与对话

在杂物间的旁边利用耐火砖与石头垒一个烘烤披萨的炉子。旁边摆放了小桌子和小椅子，打开遮阳伞。好一个招待朋友、一起享受披萨的快乐空间。

要点

留一侧空地，方便走动

轻松享受的空间要如何打造？

马蹄形的小阳台舒适而宝贵

用石头和砖块堆砌了一个马蹄形小阳台，恰当地围出一个让人可以放松的空间。家具上都涂上了一层染色油，营造出微微复古的感觉。而遮阳伞抵挡了强烈阳光的直射，让人可以放松地在这里休息。

要点

圆形的桌子与马蹄形小阳台很搭

要点

小阳台的外围铺了砂石，种植覆地类针叶植物，营造清爽的感觉

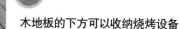

A

木地板的下方可以收纳烧烤设备

在木地板的中央设置了一个烧烤炉，可以与家人、朋友一起享受烧烤。既然是在地板上铺了一层木地板，那么自然就可以打造出收纳的空间了。例如这里可存放烧烤设备，由于其靠近烧烤地，所以使用起来很方便。

要点 木地板下可以用来收纳物品

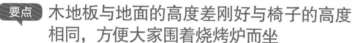

要点 木地板与地面的高度差刚好与椅子的高度相同，方便大家围着烧烤炉而坐

要点 使用小五金来固定住遮阳布

A

遮阳布下温馨的空间

这是朝阳的位置，为了能享受一点室外的乐趣，我们在木地板的上方架设了一张较大的遮阳布。没有压迫感，没有强烈的光线，适宜的温度，才能享受闲暇的时间。

A

小庭院里的秋千，提升快乐的秘诀

庭院中使用的木地板本身比较类似于甲板，不容易腐烂。这里我们安放了一个秋千，可以让孩子们快乐玩耍。秋千不仅具有实用性，还具有装饰性。

要点 秋千安装在木地板的上方

29

工具与杂物要如何摆放？

要点 小空间的墙壁高度合适，起到了一定的遮挡视线的功能

庭院入口附近的收纳柜可以收纳和展示

在庭院入口附近摆放了一个收纳柜，进入庭院的时候就可以换上长靴等，非常方便。而且，哪怕是将柜门打开，也丝毫不影响美观，反而成为陈列杂物的空间。

要点 双面开的柜子方便拿取工具

可爱的小工具可以用来装饰庭院

在更换花苗的时候需要一个小小的工作空间，在这个空间里有砖块地和屋檐。这里的工具具有一定的时代感，随意地将它们靠在墙壁上，让空间充满了随性的氛围。

要点 地面上铺设了砖块，方便我们行走

如何用绿色植物来装点空间？

倾斜的枕木展现出的韵律感

使用质朴而清新的枕木轻松打造出自然的空间感，而倾斜的摆放方式又替代了传统的花坛结构。整体的立体感明显，具有韵律感，又与绿色植物交相呼应。

调整盆栽的大小，提升庭院的整体美感

庭院里设置了一个有遮阳棚的空间，这里可以喝茶、休憩，打发闲暇时间。这个空间内摆放的盆栽大小不一、错落有致，自然地展现出层次感。

圆形的地缝内种植植物，绿色与黄色的强烈对比

在庭院的地面上有一个区域是用水泥来铺设的，在圆形的缝隙内种植了玉龙草。地面本身的黄色与玉龙草的深绿色形成了强烈的对比，整体明艳而喜悦。

庭院中央

为了增加空间的丰富色彩，不管庭院本身的大小，都可以在庭院中央设置特别的区域来展现别样风趣。不同的材料、不同的色彩及错落的高低层次等，都会影响到这个区域的风格。

要点

砖块的铺设方式仿佛汇聚了周围场景的精髓，这就是其特别之处

 圆形花坛中央的树木可以成为庭院焦点

庭院的中间用砖块砌出一个花坛，中央种植了一棵大树。其周围的盆栽都像众星拱月一样围绕着它。这样的场景中，选择较大体积的盆栽非常合适。

 Q

如何打造出引人注目的特色焦点？

要点

花坛比地面高，自然就强调了其重要性

圆形的休憩场所，由于没有草坪而变得特别

这个空间里面既铺设了砖块，又点缀了枕木，打造了一个全新的休憩场所。庭院中四处都是草坪，只有这里没有，自然就突显出其与众不同的感觉。

要点

几何造型的花坛在植物生长较弱的冬季也一样发光

冬季，花坛中的植物生长较弱，但由于花坛本身的特别造型，仍然可以给我们带来视觉的享受。而砖块本身那平缓而柔美的色调，也是亮点之一。

庭院中的白色地砖丰富了视觉效果

 防止色彩的单调，大胆使用白色地砖

家中的小狗也常常在这个庭院里奔跑，地面上铺设的是古典的地砖。一些区域还大胆地铺设了形状不规则的白色地砖，避免了单一而重复的感觉。

取水池

庭院总是离不开水的，浇水、排水等都需要取水池。有时，取水池本身还可以作为一道靓丽的风景。将取水池与植物进行合理的搭配，更加能够突显其存在感。

Q 取水池如何才能时尚动人？

镶嵌了黑色石头的取水池是一件工艺品

在亚洲风格的花园一端可以看到一个取水池，它是使用黑色的鹅卵石一颗一颗手工镶嵌的。取水池独特的存在感是庭院里不可或缺的风景之一。

讲究细节，简单的魅力空间

这个小小的取水池，连砖块都十分特别。水龙头充满了古典感，下方还挂着一块小小的信息板。而镀锡的水桶又进一步装点了空间。盆栽的组合更让这个角落魅力提升。

白色的取水池是庭院的焦点之一

在庭院里工作怎么能离开取水池呢？大家看到的这个取水池是设计师精心打造的。在色彩丰富的庭院中，白色是非常吸引眼球的色彩，而朴素的涂装方式增加了其质感和时尚感。

要点 盆栽摆放的位置较高，错落有致而又无比清新

要点 取水池的风格与庭院的氛围很搭

大大的陶器里放着浇水的水管

浇水的水管放在一个大大的陶器里。这样的工艺品本身不会有突兀感，而且不使用水管的时候也可以用来盛水。

要点 地面上铺上了瓷砖

如何打造具有情趣的风景？

设计积水小空间

白天这里的风景十分清凉，夜晚通过打灯又可以带来别样的视觉体验。

要点

小石块与植物的投影展现出另类的风情

要点 光线的朝向和亮度都需要适度调节

通过高低落差的地形展现带水的空间

在具有高低落差的庭院里，设计一条长长的水道。灌满水之后它就是另一道的风景了。水面上的石块与周围的植物交相辉映，为庭院带来了难得的独特景色。

要点

水底的黑色小石块突显了风景的美丽

凉棚、拱门

凉棚和拱门可以瞬间改变庭院的风格。特别是将植物牵引到上方生长之后，就可以看到更加美丽的场景了。

Q 如何最大限度地展现庭院的美？

要点 弯曲的小路与拱门共同打造了远远近近的空间感

A 拱门遮挡视线，与弯曲的小路很搭

从室内望向庭院的时候，视线刚好被拱门所遮挡；而外面的小路又是弯弯曲曲的，这种一眼看不到尽头的感觉让庭院的空间感增强了不少。让人不禁感叹：庭院到底有多大呀？

A 较低的拱门衬托出庭院的深远

榉木的树阴下有一个白色的拱门和一套完整的小桌椅。这里的拱门位置较低，可以将庭院分隔为两个区域，营造出这里才是庭院入口的感觉。

要点 庭院与凉棚融为一体，增加了风景的情趣

A 多重拱门，豪华隧道感

多重拱门重叠在一起，而其间又盛开了名为"斯林特布朗苔"的玫瑰。每年的5月，这里就是玫瑰的隧道。玫瑰花香浓郁，从下面走过全身都会浸泡在芬芳中。

要点 牵引玫瑰生长，在开花期让人快乐倍增

如何让空间更加自然？

A 将植物种植在花盆中，增加空间的立体感

将植物种植在花盆中，然后调整摆放高度或者悬挂高度，让近处到远处的色彩是相连的，空间立体感和穿透感呼之欲出。藤蔓类植物编织的小工艺品也很时尚。

要点 近处的地面上用树干作为花盆的支架，与远处悬挂的花盆相互相应

A 晾衣杆与植物融为一体

在小路远处的拱形门上有一个用来晾衣服的木杆，但它刚好被柿子树的树枝遮挡了。这样不仅掩盖了人工的痕迹，又增加了自然的氛围，与庭院中多年生植物为主的基调非常符合。

A 柱子上牵引的玫瑰将会覆盖整个凉棚

在凉棚周围还有木栅栏，用来遮挡来自外部的视线。这样一个安静的场所内还牵引了玫瑰，它们慢慢地就会长满整个凉棚，打造出一个完全私密的空间。

要点 绿色植物的温润可以让人放松身心

要点 木板就像一堵墙，围出私人空间

35

阳台

阳台一般都是水泥地，而且可能还有空调的室外机。设计师通过木格子栅栏、悬挂式盆栽等的组合，将阳台打造成一个自然的庭院空间。

 Q 如何让死板的空间动起来？

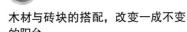 **A**

木材与砖块的搭配，改变一成不变的阳台

这个阳台只有大概1.2m宽。在阳台上交错地铺上砖块和木材，完全改变了阳台本身古板的风格。再摆放一些花草和杂物，阳台瞬间就变身成个性空间。

要点 起居室地面的高度、木材的高度、砖块的高度一致，方便行走

要点 花盆全部是用自然材质打造的

A

小树与野花展现日式的庭院风格

阳台上铺上沙砾之后，再种上各色野花。然后在其中穿插一些低矮的植物，营造出一种树下花草摇曳生姿的景象。在狭窄的空间里，一样可以体验日式庭院的美感。

A

用绳索来牵引玫瑰生长

使用绳索来牵引玫瑰生长，可以有效地利用立体的空间。玫瑰的种类繁多，花色丰富，盛开时，便是一幅繁荣而富贵的景象。

A

用木格子来改变墙壁的风格

贴满了瓷砖的墙壁上加一层木格子，然后就可以在上面进行各种装饰了。这样做也是为了不破坏墙壁。通过长春花等藤蔓类植物，丰富这个空间。

A

栏杆上悬挂花盆的柔美感

在栏杆上使用小钩子挂了几个大大小小的盆栽，阳台的氛围瞬间就柔美了起来。在花盆的背面还放了塑料瓶，用以积水，这样在浇水的时候就不会流到阳台外。

要点 在花盆的背面放塑料瓶，防止水流到阳台外

要点 随性的色彩与藤蔓植物的绿色相互呼应

要点 木板的摆放方式要有规则

A

粗糙的麻布展现出的自然感

与邻居共享的阳台，中间有一个隔板。在隔板上和阳台栏杆上挂上一块麻布（编织的粗纤维的布料），不仅可以遮挡阳光，还可以让自己的空间更隐蔽。麻布粗糙的质感显露出自然的风趣。

A

木板与赤土陶器的温暖感

阳台本身会给人一种冰冷的感觉，可是如果在地面铺上木板，然后再装点几个赤土陶器的话，那氛围瞬间就温暖了起来。此外，还要注意，在阳台上摆放的植物不能对宠物有害。

37

 空调室外机要如何装饰?

 统一的绿色，保护好植物

空调的室外机罩子选用木材来制作，自然的材质与植物很搭。在空调室外机的前方空出了一定的空间，而且空调室外机排气的位置朝上，罩子的横栏设置也是朝上的，这样可以让热气直接从上方排出，不会伤害到植物。

要点 木格子上非常适合悬挂一些小物件

要点 一根枝桠也可以作为晾手套的小工具

 罩住空调室外机的木格子，成为阳台的一道风景

用木格子罩在空调的室外机上，上面可以摆放一些杂物或者园艺工具。这样的木格子不仅可以方便空调室外机排气，还打造出另外的一个小空间来装点阳台。

 侧面的挂钩可以收纳小工具

空调室外机的木罩子上可以悬挂一些S形挂钩，然后用于收纳园艺小工具等。这种挂钩使用起来非常方便。干完活之后把手套清洗一下，挂上去晾干。

第三章

打造庭院的前期准备

在打造庭院之前，我们必须要知道所处环境的情况、理想的庭院效果等，然后再反复去琢磨是否能够实现。只有充分了解周围环境和植物特性才可以打造出属于你的个性空间。

了解自家庭院的环境

日照、水分、土质、气温、通风都是关键

在设计庭院的时候，首先需要做的就是了解自家庭院的环境。日照情况、土质等确定之后，才可以选择合适的植物。此外，包括从外部看庭院的景象，从自己家里看庭院的景象等都应该列入我们的考虑范围中。

朝向、时间、季节的不同，日照的情况也不尽相同

　　植物的生长离不开的三元素，就是日照、水分和土壤。其中，土壤和水分的调整相对比较简单，可是日照却受到了地形、居住环境、庭院大小等多方面的影响，并不是可以简单调节的。因此，在打造庭院之前，就更需要我们先了解庭院的日照情况。

　　庭院的具体朝向，从自己家中看出去是无法完全正确分辨的。如果庭院是朝着南方，那么自然受光较好，植物的生长也更旺盛。但是，生长旺盛就意味着我们需要适时地修剪植物枝条等，以维持其树形。如果阳台是朝着北方，那么一天中受光情况都较差，自然就需要种植一些喜阴的植物。在这里，植物的生长速度较慢，所以我们在选择植物的时候就需要那些树形已经比较固定的。如果阳台朝着东方或者西方，那么一天中的不同时间段，会有不同的受光情况，就可能出现阴凉环境和朝阳环境的更替，也就是半阴凉的环境。植物一般都不适合西晒，所以庭院的朝向很重要。

　　庭院中的受光情况还受到季节和时间的影响。最好是根据建筑物的面积和位置来打造一个"影子图"。一年中影子最短的是夏至当天，而最长的则是冬至当天，把握好了这两个日子的影子情况，那其他的时间段的影子情况就可以轻松描绘出来了。

植物的生长必需的三元素

日照　水分　土壤

日照受到季节的影响

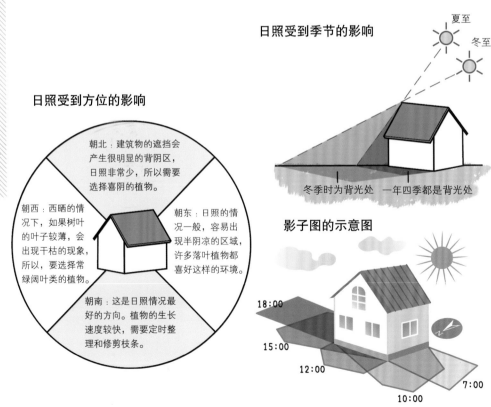

夏至　冬至

冬季时为背光处　一年四季都是背光处

日照受到方位的影响

朝北：建筑物的遮挡会产生很明显的背阴区，日照非常少，所以需要选择喜阴的植物。

朝西：西晒的情况下，如果树叶的叶子较薄，会出现干枯的现象，所以，要选择常绿阔叶类的植物。

朝东：日照的情况一般，容易出现半阴凉的区域，许多落叶植物都喜好这样的环境。

朝南：这是日照情况最好的方向。植物的生长速度较快，需要定时整理和修剪枝条。

影子图的示意图

18:00
15:00
12:00
10:00
7:00

良性土壤的条件

保水性和排水性	土壤能够储存必要的水分、排出多余的水分，就最理想了。如果条件不佳，可以通过堆肥、腐烂树叶等来进行调整。
透气性	根部的呼吸需要充足的空气。土壤的颗粒如果比较偏圆，就有较强的透气性和排水性。
营养成分	氮、磷、钾等都是植物必需的营养元素。比较贫瘠的土壤，可以通过腐烂树叶和堆肥来进行改良。

土壤表面营养的流失

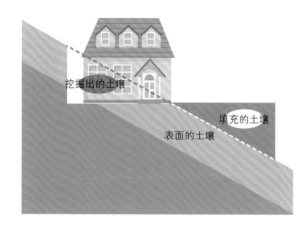

挖掘出的土壤

填充的土壤

表面的土壤

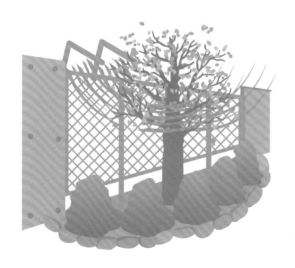

黏性土壤或者多沙土壤需要进行改良

植物的生长需要合适的土壤，好的土壤具有适度的保水性和排水性、透气性及养分等。

水分与土壤具有密不可分的关系。保水性和排水性看起来是完全相反的两个概念，其实不然。这两个概念要求土壤要具有必要的储水能力，同时，还要能将多余的水分排出去。如果土壤中含有大量的沙石或者石块，那么土壤就很容易变得干燥。黏性土壤的排水性很差，容易引起植物根部的腐烂等。保水性较差的土壤可以在其中加入一些腐烂的树叶、堆肥等。而排水性较差的土壤，可以在其中加入颗粒状的人工土壤等进行改良。

植物生长的过程中，土壤中含有的有机物质对它们的生长起着至关重要的作用。在庭院施工的过程中，含有机物的土壤部分（表面）可能会被挖掉。如果遇到这种情况，可以在土壤中加入腐烂的树叶、堆肥等来改良土质。

气候和通风也会影响植物的生长

居住环境的气候与植物的生长息息相关。喜好温暖的植物如果种植到寒冷的地方，就可能会出现枯死的现象。所以，在充分了解自家庭院之后，还要寻找合适种的植物才行。

我们不妨参考一下各地区的植物的生长情况。比如在日本北海道的寒冷地区，经常看到的就是各种常绿针叶类植物。而在稍微温暖的地区，就看到越来越多的落叶阔叶类植物，然后是常绿阔叶类植物，最后是亚热带植物等。不过，也要注意这些植物还受海拔的影响。

此外，通风对于植物的生长也至关重要。建筑物如果过于密集，通风就不太好。如果湿气过重，就容易引发病虫害。如果将庭院四周的水泥墙壁换成木栅栏等，可以有效地改善通风效果。相反，如果风过于强劲，就可能伤害到树干、树枝、树叶等。如果居住环境风力强劲，那么可以选择在防风林中经常使用的树木种类。

不同日照下需要选择不同的植物

在选择植物的时候一定要根据日照的情况来选择。喜阳植物、普通植物、喜阴植物都有具体分类。喜阳植物也就是说在其生长过程中，阳光非常重要，必须要在日照较好的环境中才能生长。而与此相反的就是喜阴植物了。处于喜阴和喜阳之间的就是普通植物。

一年中日照情况都较好的自然是朝南的庭院，适合种植大花六道木、山茱萸等喜阳植物。在较高的树木下种植的植物，由于其处于一个背阴的环境中，所以要选择喜阴植物。

朝北的庭院往往日照都不好，所以可以选择青木、柏树、东北红豆杉等喜阴植物。

朝东的庭院早上日照较好而下午就变成背阴了，这里就适合种植绣球花、夏季山茶花等类型的植物，它们都属于普通植物。至于朝西的庭院，一般来说都要种植普通植物。但是要注意的是，许多植物无法在西晒中生长。个别植物的抗西晒能力较强，例如喜阳的丹桂、常绿阔叶类植物的栎树等。

花草方面，其选择的方法与选择树木的方法是一样的，也是看日照情况。参考本书129页的"庭院树木和花草图鉴"，可以选择合适的花草树木。

地面上如果有些许的光照，也可以种植适合在半阴凉处生长的植物，例如菟葵、珍珠金叶草等等。当绿色植物铺满庭院的时候，营造出明亮而喜悦的气氛。

普通的植物中也有比较喜阳的，例如山茱萸在阳光充足、排水较好的土壤中生长旺盛。可是其抗干燥的能力较弱，所以要避免西晒。

肺草属于常绿多年生植物。在半阴凉的环境中，如果能够保证土壤肥沃、保水性和排水性都良好，它也可以健康生长。

常见喜阳植物和喜阴植物

	树木	花草
喜阳植物	大花六道木、美国绣线菊、橄榄树、丹桂、光蜡树、四照花、蓝莓、山茱萸、喷雪花	鸢尾花、百子莲、花韭、紫椎菊、酢浆草、卡罗莱纳茉莉、红番花、水仙、天竺葵、勿忘我
普通植物	绣球花、无花果、野茉莉、星花玉兰、栎树、夏季山茶花、金丝桃、枇杷	落新妇、软羽衣草、菟葵、秋明菊、肺草、凤仙花
喜阴植物	青木、马醉木、东北红豆杉、齿叶冬青、大叶钓樟、草珊瑚、冬青、柏树、八角金盘	漏斗花、蕨类植物、玉龙草、大吴风草、阔叶山麦冬

※ "普通植物"可以在半阴凉的环境中生长。

这是多年生的常绿玉龙草，其在背阴位置生长较好，耐寒和耐热能力都较强，而且生长旺盛，可以作为覆地类植物。

确定庭院可种植的区域和各个部分的细节

在设计图中描绘出具体情况，把握可种植区域的位置大小

　　在调查庭院环境的时候，一定要确定可以种植植物的区域位置和大小。

　　最简单的是先看看住家的建筑设计图，上面可以看到建筑物的具体位置，然后按照各部分的大小、日照条件、土壤的情况等描绘出一个现场考察的详细图。如果想要保留建筑物周围的植物或石块，那么要将具体信息描绘进去。下面列出来的就是具体的需要标明的事项：

　　●庭院中种植区域的土壤层是否够厚（深）。

　　●土壤中有没有可能会影响到施工的石块等。

　　●外部的取水池的具体位置。

　　●会不会淋到雨（一般来说，庭院的植物依靠自然雨水就可以了）。

　　●从家里的一楼和二楼看到的风景。

　　●从外向里看的情形。

　　●是否有方便移动植物的空间。

　　在确认了以上的几个注意事项之后，还可以找到自家房子的平面图，包括每一层的结构图等。

　　此外，空调室外机产生的暖风会妨碍植物的生长，所以在空调室外机的前方不能直接种植植物，空调室外机的位置在设计图中也要标记出来。做好初期考察，会节省后期种植的许多工时。

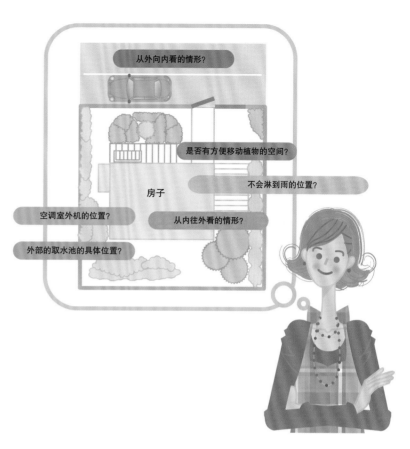

从外向内看的情形？

是否有方便移动植物的空间？

不会淋到雨的位置？

房子

空调室外机的位置？

从内往外看的情形？

外部的取水池的具体位置？

需要准备的图纸：

●设计图　　　　　　　●建筑物每层的结构图
●水管的分布图　　　　●立体图

树木生长所需土壤的深度：

乔木	50~100cm
中等树木	30~60cm
灌木	30~50cm

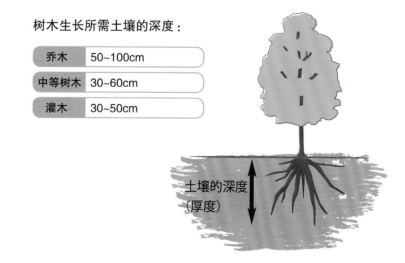

土壤的深度
（厚度）

庭院的风格各式各样，有英式庭院、亚洲式庭院等。这里为大家介绍的是6种具有代表性的庭院风格，包括其中种植的植物、使用的材料、搭建的风格等，希望可以激发大家的灵感，找到自己想要的庭院风格。

英式庭院

在英国特别常见的庭院风格，广义来说包括好几种分类。不过，在日本一般指的是自然田园风的庭院。舒缓、轻柔、悠闲等都是这一类庭院给人的印象。为了突显自然风味，可以种植果树、花草等。除了自然氛围以外，还要设计植物的高低层次和色彩搭配。在英式庭院里，最常见的就是以藤蔓类植物、玫瑰等构成的拱门，多年生植物的花坛（包括一些细长的带状花坛）、砖块和石料打造的各种装饰等。

庄园式花园

这样的花园一般都是参照几何图形设计的，例如圆形、多角形等。庭院中种植的树木或者铺设的道路也一定是左右对称的。水池、雕刻、大型花盆等都是重点展示的元素。这样的庭院干净整洁，充满了人工打造的元素。虽然整体大气而庄严，但是却感觉缺少了一点自然的气息。

自然式花园

自然式花园中一定种植了大量简单的植物。一般选用的都是发芽率较高、生长旺盛的植物，然后给人一种自然生长，无拘无束的感觉。

不过，如果完全不管理庭院，最后植物就会长得七倒八歪。所以，不妨在庭院中加入一些枕木、木椅等木制品。装饰品要避免直线摆放，巧妙地散乱在庭院中，才会增加空间的立体感。

亚洲式庭院

亚洲式庭院里，比如印尼风的庭院、中国风的庭院等，有许多在东南亚等亚洲温带和亚热带地区生长的植物。

不管具体是什么风格，在亚洲式庭院中一定会有莲花等水生植物。当它们与水面融为一体的时候，就是庭院的一个亮点了。此外，我们还可以使用亚洲地区的家具或者小道具，提升整个庭院的层次感。

日式庭院

小小的石块、灯笼、竹栏杆等，这些都是日式庭院的必备元素，有了它们的衬托，日式氛围就更加浓郁了。这里种植的一般都是在日本很常见的树木和花草，还有一些野生植物，整体给人静谧而沉稳的感觉。

现在市面上带有日本元素的产品越来越多，打造日式庭院的人也在不断增多。

岩石式庭院

在岩石式庭院里，最常见的就是各种石块和岩石的组合，以它们打造出自然的氛围。此外，自然少不了植物的衬托。

这样的庭院排水性很好，而且植物的耐旱能力也较强，以一些高山植物和野生植物比较常见。比较低矮的植物则大多生长旺盛，可以进行人工修剪等。岩石式庭院所处的地形大多都有明显的坡度，在平地上打造它难度很大。庭院里岩石和石块的分布看似散乱，但却有自己的章法。

寻找最合适的设计图

庭院设计图最重要的是参照自己想要的风格绘制。此外，还要选择能让人放松身心的植物。在清楚了各个细节之后才可以绘制出完整而理想的庭院设计图。

① 步骤

想要什么样的庭院效果？

从起居室中看到的庭院效果可以是舒心沉静的，也可以是方便孩子们开心玩耍的，所以，具体的庭院效果可能大不相同。在考虑自己的设计图时，首先要想清楚自己需要怎样风格和效果的庭院。在设计的时候，最好是全家人聚集起来，一同来讨论和商量，尽量满足大家的共同需求。

当意见交换好之后，就要排列一下不同意见的先后顺序。例如，哪些是必须要实现的？哪些是想实现的？哪些是尽量去实现的？等等。此外，还要参考预算、空间位置等，然后经过多次不厌其烦地修改才可以真正定下来。

② 步骤

尝试分区，确认线条

在风格固定了之后就需要给庭院分区了。不同的位置有不同的安排，只有在决定好了之后才可以开工。道路旁、隔壁邻居、自家庭院等，不同的位置关系、高低层次等都会影响到分区。在参考自家的设计图的同时，还要想清楚每一个分区的作用。此外，各个分区之间的连接也很重要。下面就一起来看看这些注意事项吧：

●玄关　从大门口到玄关的道路和周围环境。

●庭院空间　这是庭院最主要的部分，例如将可以烧烤、玩耍的区域与观赏的区域分隔开等。

●其他空间　后院、小角落、野外平地。

●工作空间　在处理园艺的时候所需要的工作空间。

●停车场　停车所需要的空间。

在分区确认之后就可以把具体的线条画到设计图上，例如小道路、花坛等都需要配置好。此外，还要思考好庭院的观赏空间和使用空间，例如晾衣服的位置等。

另外，从道路的一侧或者从室内看庭院的效果也要仔细思考，然后把考察的结果画到设计图上。

分区的示例图

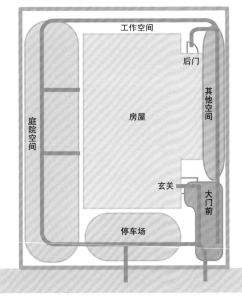

工作空间

后门

其他空间

庭院空间

房屋

玄关

大门前

停车场

根据环境与目的，制作植物种植计划

在分区位置确定好之后，就可以根据环境的具体情况，确定需要种植的树木和花草。此时，我们需要思考植物的不同性质和我们这样安排的目的。例如，有的植物可以起到遮挡视线的作用，有的植物在秋季可能会有红叶，有的植物一年四季都会开花等。在明白了我们的目的之后，选择植物会更加容易。

接下来，可以在设计图上具体地安排植物。要打造自然感觉的话，植物之间的距离要合适，并且不能安排在一条直线上，我们要考虑到整体的协调感和植物的特征。而且，植物都是在生长的，枝叶一定会越来越繁茂，那么种植的间隔就需要大一些。

此外，庭院里的小路、木地板、水池、拱门等都与植物有着密切的关系。在设计植物的种植位置时，一定要时刻思考它们与所处环境的关系。

植物种植示例图

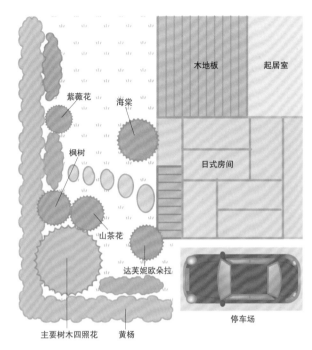

木地板　起居室
紫薇花　海棠
枫树
日式房间
山茶花
达芙妮欧朵拉
停车场
主要树木四照花　黄杨

选择材料的同时调整细节设计

在植物选择好之后，就可以根据环境和设施来选择合适的材料了。

不同的材料可能会带给庭院完全不同的氛围。具有代表性的材料包括砖块、石料、砂石、枕木、木屑（碎树皮等）、木板等。在设计庭院的时候，头脑中就可以想象不同材料带来的不同效果。

混搭的方式可以提升庭院的层次感。例如，同时使用枕木和砖块，或同时使用石料和木屑等两种以上的材料。使用不同材料之前都需要想象当花草树木繁茂之后的景象，然后根据设想来调整细节设计。

这是砖块与沙石的组合示例。质感不同且带有一定的弧度，增加了地面的设计感。

这是一个日晷装饰品，放在庭院中具有极强的修饰作用。

这样带有复古风格的砖块是非常有人气的材料，摆放的顺序和位置不同，得到的效果也不尽相同。

这是木板的组合示例，改变摆放的顺序和方向可以增强空间感。

将所需风格和预算定好后交给专业的庭院设计师打造

在专业的庭院设计师打造庭院之前，我们要将自己的想法、所需的风格、大概的预算等告诉他们。居住场地的各种平面图肯定是必需的。在与专业的设计师讨论方案的时候，前面提到的步骤②到步骤④都非常有用。

线条引起的失败

小路设计成直线，总觉得很别扭

从大门口到玄关，我们设计成了一条笔直的小路，这样做是为了节省距离和时间的。可是，后来总觉得这条小路很别扭，而且，庭院也显得很狭窄。

建议

在有限的空间内要想增加宽敞的感觉，我们可以将小路打造成弯曲的样子。例如，相比于直线的小路，S形的小路会让人觉得空间更加宽敞，而且会更有气氛和情调。

庭院设计的失败案例

在打造自己的个性庭院的时候，许多人都遇到过失败的情况。那么，怎样才能找到成功的诀窍呢？下面为大家介绍的就是一些前人总结出来的教训、经验。

品种选择引起的失败

生长过于茂盛，影响了整体氛围

我们家的庭院不大，种植了一棵金合欢树，最开始的形态还挺好的。可是几年过去了，它的长势非常迅猛，占据了庭院的许多空间。最后一场台风把它吹折了，现在庭院里已经没有大型的树木了。

建议

大型的树木没有办法轻松地移栽，所以在选择种植之前要先了解它们成长之后的大小和形态。此外，树木在风雪天容易折断，需要一定的支柱来支撑。

牵引引起的失败

常春藤依靠着墙根种植，生长状态却不尽如人意

我们家的房子是混凝土结构的，为了掩盖这种工业的感觉，我们在墙脚的位置种植了常春藤，它们生长倒是非常旺盛。可是我们后来发现，这些常春藤造成了建筑物墙壁的损伤。特别是当常春藤枯萎了之后，我们可以明显地看到仍然攀附在墙壁上的根，影响了房子的整体效果。

建议

常春藤等藤蔓类植物，如果直接让其在建筑物表面攀爬的话，其根部会紧贴在墙壁上，遇到下雨天，还可能进一步损伤墙壁。如果想要在墙壁上装点藤蔓类植物，可以使用威灵仙花、玫瑰花等不会直接攀爬在墙壁上的植物。如果一定要使用常春藤的话，那可以在墙壁前立一个大的木格，引导其生长。

土质引起的失败

想要打造英式庭院，花草树木长势却不佳

我们家的庭院里都是排水性很差的黏性土壤。虽然之前一直想打造一个英式庭院，也种植了许多西洋植物，可是它们的长势却不佳，始终达不到我们想要的效果。

建议

在英式庭院中经常种植的大多是耐湿能力较差的植物，所以需要提前改良土壤。在土壤中加入腐烂的树叶、堆肥、多孔的颗粒状人工沙砾等，都会提升土壤的排水能力。

种植位置引起的失败

选择日照很好的场所，夏天植物却很快枯萎了

我们当时把鬼灯檠与其他植物一同种植在日照很好的地方，可是当夏天高温少雨的时候，它很快就干枯了。虽然我们都很喜欢它，可是却成了这样的结果。

建议

鬼灯檠是耐旱能力非常弱的植物，在半阴凉且保水性良好的土壤中生长较好。而且，土质也会影响到植物的生长，因此必要的时候需要改良土质。排水性太好的情况下，需要添加腐烂的树叶等来提高保水性，也可以使用一些人工合成的园艺泥灰来调整土壤的酸碱度等。

第四章

一年四季乐享美丽的庭院

如果庭院中有一个区域，一年四季都有丰富的色彩，那你想不想立马打造一个呢? 通过多年生植物与一年生和两年生植物的搭配，我们可以轻松地打造出一个四季常青的庭院。

长谷川阳子

1994年毕业于惠泉女子学园大学园艺生活系之后，开始在各大庭院设计公司和园艺店工作。2004年开始在母校教授园艺课程。曾负责过大型庭院的一年生和多年生植物的设计、培育和管理等。

不同季节的庭院和植物

在一年四季分明的地区，一年中的不同时间里，我们可以看到不同的庭院和植物状态。下面在介绍具体的庭院设计之前，先让我们一起来了解一下不同的时期植物具有怎样的状态，简明扼要地分析相关知识点。

【春季】

球根植物开花，庭院一片生机盎然的景象

在气温逐渐上升之后，大自然的生命周期又开始了。郁金香、红番花等球根类植物开始相继开放，庭院里一片生机盎然的景象。这个时期，植物病虫害的发生几率也在上升，因此我们需要定期地除虫，仔细地检查花卉的生长状况。

如果要种植多年生植物或者在夏季开花的球根植物，最好在3月进行。当然，各地的情况有一定的差异。如果想要种植常青植物，春季种植是最适合不过了。

春季花卉的示例：郁金香

要点！
- 气温上升，庭院生机勃勃。
- 病虫害的发生几率也上升了。
- 适合种植多年生植物和球根植物。

【夏季】

庭院里生机勃勃，注意修剪和浇水

夏季，木茼蒿、天竺葵等多年生植物生长旺盛。这个时间段里，植物也比较容易出现枯萎的情况。所以，如果能够提前了解好植物的特性，那就可以安排好时间对植物进行修剪，改善通风效果。

盛夏的时候，浇水一定要在早上进行。如果在其他时间浇水，可能会引起烧根。与直接种植到地面上的植物相比，花盆里的植物比较容易干枯。所以在土壤完全干燥之前需要浇水，可以在傍晚进行。

夏季花卉的示例：木茼蒿

要点！
- 植物在夏季容易出现枯萎。
- 植物的枝干需要适时修剪。
- 浇水在早上，其他时间不要进行。

【秋季】

适合种植球根植物或者分株多年生植物

在天气凉爽之后，植物开始重新回到正常的生长状态。开花期较长的凤仙花、矮牵牛花等在这个时期增加肥料，可以延长其花期。

秋季非常适合种植球根植物，比如红番花、鸢尾花等。在这个时期种植球根植物，可以让其根部更好地生长。此外，多年生植物也可以间隔2~3年分株一次，而秋季分株是再适合不过了。

秋季花卉的示例：凤仙花

要点！
- 夏季开始开花的植物可能秋季会继续开花。
- 适合种植球根植物。
- 适合分株多年生植物。

【冬季到早春】

此时种植的植物耐寒性要很强

这个时间段的气温很低，许多植物的生长都比较缓慢。要在这个时期种植植物，那就要选择耐寒性较强的三色堇、仙客来等植物。多年生的植物在这个时期，其地面上的部分可能会枯萎，但这或许就是冬天特有的景象吧。

如果想在开春之后开始打造庭院，那么可以在这个时期改良土壤。将土壤翻松，帮助其通风，然后加入堆肥、有机肥料等增加其肥沃度。

冬季到早春花卉的示例：三色堇

要点！
- 植物的生长比较缓慢。
- 需要种植耐寒性较强的植物。
- 适合改良土壤。

色彩与形状的搭配方法

哪怕是组合同种类的植物，在不同的色彩和形状的搭配下也会营造出不同的氛围。打造庭院的时候，我们要学会移栽和搭配，下面介绍这方面的基本知识。

利用植物的高低落差

在移栽植物的时候，如果没有任何计划随便搭配，那最后就会给人杂乱的感觉。为了营造出一种和谐的空间感，我们可以在组合的时候注意观察植物的整体生长情况。

植物的高度、宽度等都具有很强的特性。哪怕是同一种植物，如果完全不考虑搭配就放到一起，就会给人一种平淡的感觉。覆地类植物的延伸性很强，有的植物又长得比较高。如果能将它们搭配在一起，就会营造出错落有致的空间感。

例如，在靠近墙壁的花坛里，我们可以将高度较高的植物安排在靠近墙壁的位置上，而前方则安排一些相对低矮的植物。如果高低的对比过于强烈，那就会给人突兀的感觉。所以，我们还要在花坛中间安排比较高的植物，然后周围采用对称的方法种植低矮的植物。除此之外，高低的搭配方法还很多，我们可以根据庭院的具体情况来选择最合适的搭配法。

色彩图

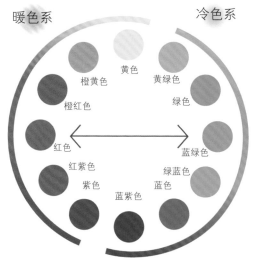

暖色系　　　　　　　　　　冷色系

黄色
橙黄色　　黄绿色
橙红色　　　绿色
红色　　　　蓝绿色
红紫色　　　绿蓝色
紫色　　　　蓝色
　　蓝紫色

色彩层次示例

深色系（亮度和饱和度较低的颜色）

亮色系（饱和度较高的颜色）

柔和色系（亮度较高的颜色）

不同的植物造型

右上/高度为1m左右的洋地黄，其风铃般的花朵在微风中摇曳生姿。
右下/垂叶型的长春花。
左上/横向生长，具有覆地类植物特性的甜舌草。
左下/生长旺盛的皇帝菊。

利用不同花色的植物

移栽不同植物的时候也要考虑到花色的不同。

如果颜色对比度较大，就可以互相衬托，起到颜色互补的效果。所谓的颜色互补，就是处于调色盘两端的色彩互相衬托的效果，例如红色与绿色、黄色与紫色等。

植物的朝向、色彩的渐变等还会带来不同的层次感。如果使用的是同色系的植物，那么就要考虑到基本的色调，然后安排朝着一个方向产生亮度与色彩的变化。例如，可以使用红色→紫色→蓝色的变化方式。

此外，我们还可以选择相对柔和的色调组合。柔和的色彩会带给庭院柔和的氛围。

在掌握了植物的形状、色彩之后，根据自己的喜好去选择你想要的庭院效果吧。

玄关前方

以花期较长的木茼蒿为主，其他季节花卉为辅

用一年生或两年生花卉来营造季节更替的感觉

开花期较长的木茼蒿是庭院的主角，木茼蒿每次开花的数量很多，可以让玄关前方的范围变得华丽起来。可是，木茼蒿的耐寒能力较弱，而玄关前方往往都有墙壁、屏障、柱子等的遮挡，因此不会过于寒冷，很适合种植木茼蒿。

一般来说，一年生或者两年生的植物在开花的时候都非常漂亮，一定可以吸引我们的目光。此外，为了结合冬季的特色，我们选择了菟葵。本身比较低矮的勿忘我种植在木茼蒿的下方，非常合适，刚好掩藏住了木茼蒿下方枝桠的单调感。

木茼蒿的开花期很长，所以看到凋谢的花朵就要及时摘除，这样才能保持它们最美的样子，也可以预防病虫害。此外，木茼蒿在几年的时间里会长高1m左右，所以可能会影响到与其他植物的搭配。因此，在木茼蒿开花的时候要修剪枝叶，把一些旁枝和过于茂密的部分修剪掉。如果种植的是钓钟柳，那么在花朵凋谢之后直接将地面部分修剪掉即可。

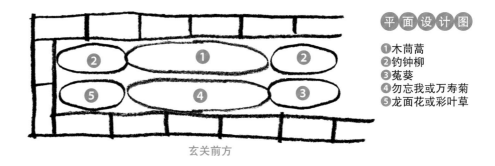

平面设计图

❶木茼蒿
❷钓钟柳
❸菟葵
❹勿忘我或万寿菊
❺龙面花或彩叶草

玄关前方

植物的名称、开花期与长叶的时期

植物类型	冬季到早春	春季	夏季	秋季
多	木茼蒿 ➡P151	✳木茼蒿	✳木茼蒿	✳木茼蒿
多	钓钟柳 ➡P151	✳钓钟柳	钓钟柳	钓钟柳
多	✳菟葵 ➡P148	🍃菟葵	🍃菟葵	🍃菟葵
一	勿忘我 ➡P160	✳勿忘我	✳万寿菊 ➡P159	✳万寿菊
一	✳龙面花 ➡P157	✳龙面花	✳彩叶草 ➡P154	✳彩叶草

※带有花朵符号✳的是开花植物，带有叶子符号🍃的是观叶类植物。
※有"多"字的是多年生植物。有"一"字的是一年生或两年生植物。

❷钓钟柳

❶木茼蒿

春季

❺龙面花

❹勿忘我

❸蓳葵

❶木茼蒿

夏季和秋季

❺彩叶草

❹万寿菊

❸蓳葵

墙壁附近

叶片娇美的车前草和肺草

建筑物的外围墙壁往往都比较单调，可是与植物巧妙地结合就可以瞬间改变氛围。一般而言，墙角的位置光照都不太好，属半阴凉的区域，因此我们需要选择合适的植物。其中，洋地黄等植物在阴凉的位置开花效果不错，值得选择。

这个设计方案的主角是开出黄色花朵的卡罗莱纳茉莉。以绿色的叶子为背景，哪怕是半阴凉的区域也可以展现出明亮的色彩。此外，还可以在墙角设置木格子、牵引铁丝等来帮助藤蔓类植物生长。

车前草与肺草的花朵很美，叶片也很诱人，春季到秋季都会呈现出蓬勃的生机。从冬季到早春的期间，可以以卡罗莱纳茉莉为背景，用雪片花来装点相对单调的环境。

车前草的叶片在成熟了之后会开始变为金色或棕色，这是可以人工去除的。而雪片花的叶子在夏季也会变成金色或棕色，如果看到了直接修剪掉即可。

普通的半阴凉区，一整年都有鲜艳的花草

平面设计图

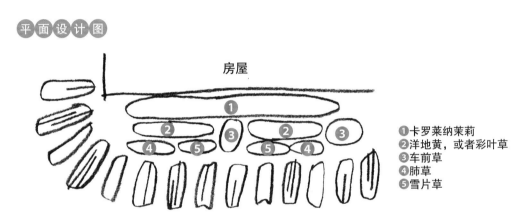

房屋

① 卡罗莱纳茉莉
② 洋地黄，或者彩叶草
③ 车前草
④ 肺草
⑤ 雪片草

植物的名称、开花期与长叶的时期

植物类型	冬季到早春	春季	夏季	秋季
多	卡罗莱纳茉莉 ➡P148	卡罗莱纳茉莉	卡罗莱纳茉莉	卡罗莱纳茉莉
多	粉叶玉簪 ➡P151	粉叶玉簪	粉叶玉簪	粉叶玉簪
多	肺草 ➡P150	肺草	肺草	肺草
球	雪片草 ➡P144	雪片草	雪片草	雪片草
一	洋地黄 ➡P155	洋地黄	彩叶草 ➡P154	彩叶草

※带有花朵符号 ✽ 的是开花植物，带有叶子符号 🍃 的是观叶类植物。
※有"多"字的是多年生植物；有"球"字的是球根植物；有"一"字的是一年生或两年生植物。

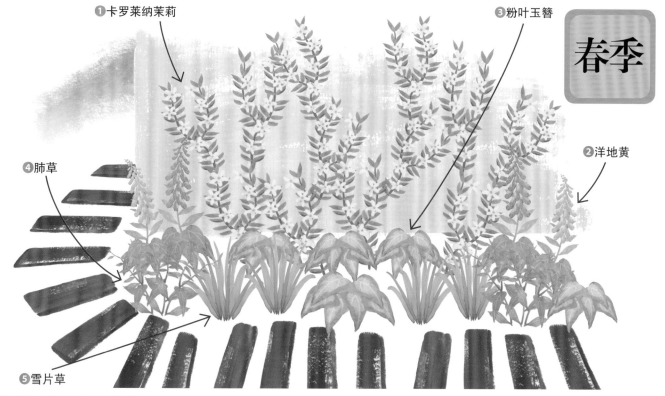

❶卡罗莱纳茉莉

❸粉叶玉簪

春季

❷洋地黄

❹肺草

❺雪片草

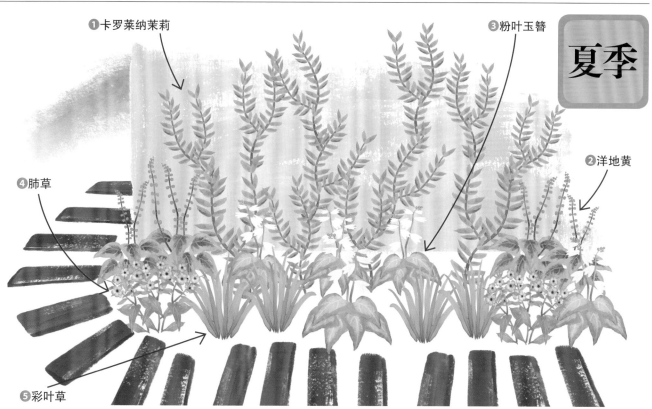

❶卡罗莱纳茉莉

❸粉叶玉簪

夏季

❷洋地黄

❹肺草

❺彩叶草

通行道路

可爱的小花装点道路，散步于此也是一种乐趣

不同季节里不同花草的美丽

在小路的一旁种植高度在20~30cm的低矮植物，不仅可以覆盖地面，还可以增加散步时的视觉享受。酢浆草和葡萄风信子的开花期都较短，可以突显出季节的更替。灯盏花则开花期较长，所以种植的面积比较广。天气寒冷的时候，植物的茎叶和花朵的色彩都会发生变化。例如，头花蓼的叶子上有特别的花纹，到了秋天还会变成红色。

这个设计方案里没有特别的中心植物。小路旁的空间并不算宽，通过同种植物的间插安排，可以展现出特有的韵律感。在设计图中，我们把葡萄风信子、蝴蝶花（或者凤仙花）、酢浆草安排在靠近小路的一方，实际操作的时候，也可以将设计图反过来，把灯盏花和头花蓼安排在靠近小路的一方。

头花蓼的生长会向四周蔓延开来，所以要注意其生长，不要妨碍到了正常的通行。

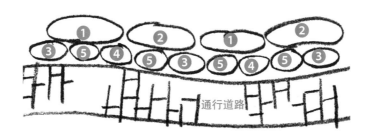

❶灯盏花
❷头花蓼
❸葡萄风信子
❹酢浆草
❺蝴蝶花，或者凤仙花

植物的名称、开花期与长叶的时期

植物类型	冬季到早春	春季	夏季	秋季
多	灯盏花 ➡P147	✿灯盏花	✿灯盏花	✿灯盏花
多	头花蓼 ➡P141	🍃头花蓼	✿头花蓼	✿头花蓼
球	酢浆草 ➡P142	酢浆草	酢浆草	✿酢浆草
球	✿葡萄风信子 ➡P145	葡萄风信子	葡萄风信子	葡萄风信子
一	蝴蝶花 ➡P157	✿蝴蝶花	✿凤仙花 ➡P153	✿凤仙花

※带有花朵符号✿的是开花植物，带有叶子符号🍃的是观叶类植物。
※有"多"字的是多年生植物；有"球"字的是球根植物；有"一"字的是一年生或两年生植物。

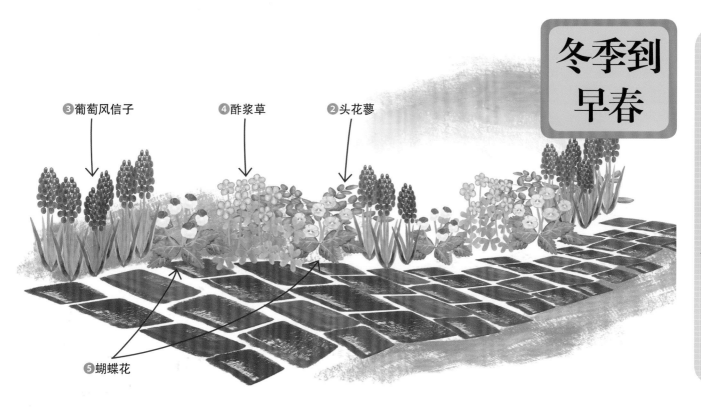

③葡萄风信子　④酢浆草　②头花蓼

⑤蝴蝶花

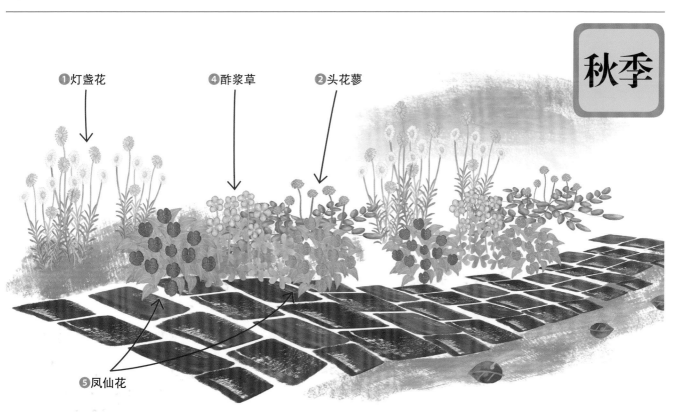

秋季

①灯盏花　④酢浆草　②头花蓼

⑤凤仙花

树木下方

背阴的区域需要鲜艳的花草来装饰

背阴的区域，花色更加娇艳

在树木下方并不太适合花草的生长，选择植物的时候需要格外用心。红番花和水仙的根部都不太深，常常种植到树木的根部位置。报春花有特别多的品种，其中朱利安报春花的生命力特别旺盛。筋骨草的花朵很美，而叶子又是紫色的，独具个性。珍珠金叶草的叶片是金黄色的，也很有特色，它与筋骨草都很适合种植在树木下方，特别是在背阴的环境中，更能展现出鲜艳的色彩。此外，开花期很长且颜色鲜艳的凤仙花也很适合在此区域种植。

树木下方有比较茂密的树根，可能会妨碍花草的生长，并且保水性也较差。这部分区域容易干燥，在土壤干燥了之后就要立马浇水。不过，具体浇水频率要根据土壤的性质而定，所以，我们要仔细观察自家庭院里树木下方的土壤情况。

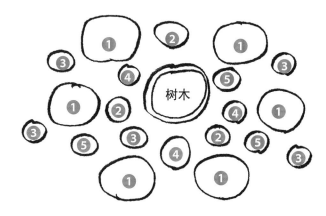

平 面 设 计 图

❶朱利安报春花，或者粉蝶花，
　或者凤仙花
❷红番花
❸临时救
❹水仙
❺筋骨草

植物的名称、开花期与长叶的时期

植物类型	冬季到早春	春季	夏季	秋季
多	筋骨草 ➡P138	✿筋骨草	🍃筋骨草	🍃筋骨草
多	临时救 ➡P141	✿临时救	🍃临时救	🍃临时救
球	✿红番花 ➡P143	红番花	红番花	红番花
球	水仙 ➡ P144	✿水仙	水仙	水仙
一	✿朱利安报春花	✿粉蝶花 ➡P157	✿凤仙花 ➡P153	✿凤仙花

※带有花朵符号✿的是开花植物，带有叶子符号🍃的是观叶类植物。
※有"多"字的是多年生植物；有"球"字的是球根植物；有"一"字的是一年生或两年生植物。

春季

❸临时救

❺筋骨草　　❹水仙　　❶粉蝶花

夏季和秋季

❸临时救

❺筋骨草　　❶凤仙花

阳台周围

天竺葵等耐旱植物与卧式花盆的结合

常春藤可以覆盖卧式花盆

在阳台上打造花园一般都是使用卧式花盆，与直接种植到地上的方式相比，在卧式花盆里种植会使用更少的土壤，而且雨水也不会长期留在土壤中，比较容易出现干燥的情况。所以，我们在选择植物的时候就要选那些耐旱能力较强的植物。常春藤在经过牵引之后可以往下生长，半边莲也有类似的特性，可以起到遮掩卧式花盆的效果。

天竺葵的开花期较长，而且色彩鲜艳而华丽，它们一般都较高，所以要种植在靠里的位置上。为了增加花盆的色彩，前方可以种植常春藤和仙客来（或者是半边莲、矮牵牛花）等。为了保证阳台上花朵常开，我们也可以选择半边莲，到了夏天还可以换种矮牵牛花。

常春藤的生命力旺盛，根部的生长也很快。一般2~3年后就要将其挖出来，然后修剪根部，保证其他植物的正常生长。

平面设计图

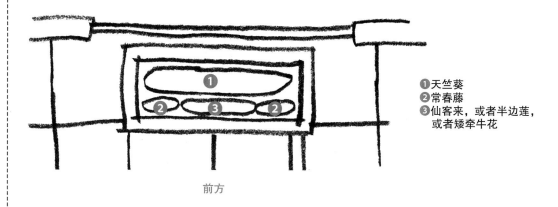

① 天竺葵
② 常春藤
③ 仙客来，或者半边莲，或者矮牵牛花

前方

植物的名称、开花期与长叶的时期

植物类型	冬季到早春	春季	夏季	秋季
多	天竺葵 ➡P149	✽天竺葵	✽天竺葵	✽天竺葵
多	🍃常春藤 ➡P138	🍃常春藤	🍃常春藤	🍃常春藤
球/一	✽仙客来 ➡P143	✽半边莲 ➡P160	✽矮牵牛花 ➡P158	✽矮牵牛花

※带有花朵符号 ✽ 的是开花植物，带有叶子符号 🍃 的是观叶类植物。
※有"多"字的是多年生植物；有"球"字的是球根植物；有"一"字的是一年生或两年生植物。

❶天竺葵　　❸半边莲　　❷常春藤

春季

❶天竺葵　　❸矮牵牛花　　❷常春藤

夏季和秋季

玄关前方

一年生或两年生植物

根据季节换种植物，保证一年四季花朵常开

植物的色彩与高度搭配，展现一年四季的不同魅力

这个设计方案中，主要使用的是一年生或者两年生的植物。

冬季到早春期间，主角当然是花色丰富的三色堇。三色堇并不算高，为了增加画面的立体感，在其中加入了报春花。

春季的主角是麦仙翁和非洲波斯菊。麦仙翁大概能够生长到1m左右，在风中摇曳生姿。而前方的区域内可以种植一些半边莲。

夏季和秋季的植物构成相同，主角是万寿菊。此外，通过凤仙花和彩叶草的淡雅色彩来衬托其美丽。

不管哪种植物都一定要在开花期到来之前种植好。冬季植物在11月左右种植，春季植物在3月左右种植，而夏季植物在6月左右种植。春季植物里的麦仙翁，如果想要其生长更加茂盛，就要在前一年的11月左右种植。

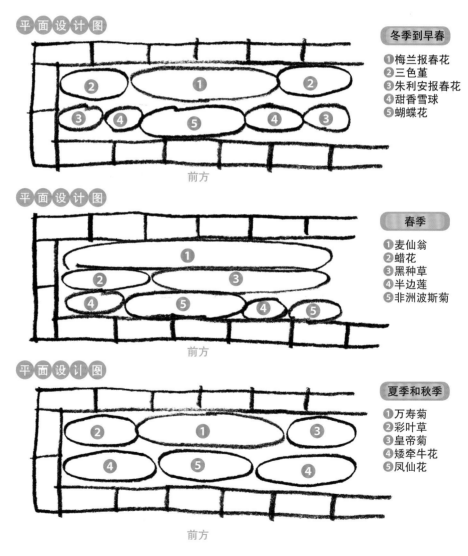

平 面 设 计 图

冬季到早春

① 梅兰报春花
② 三色堇
③ 朱利安报春花
④ 甜香雪球
⑤ 蝴蝶花

前方

平 面 设 计 图

春季

① 麦仙翁
② 蜡花
③ 黑种草
④ 半边莲
⑤ 非洲波斯菊

前方

平 面 设 计 图

夏季和秋季

① 万寿菊
② 彩叶草
③ 皇帝菊
④ 矮牵牛花
⑤ 凤仙花

前方

※ "植物的名称、开花期与长叶的时期" 的表格参见64页。

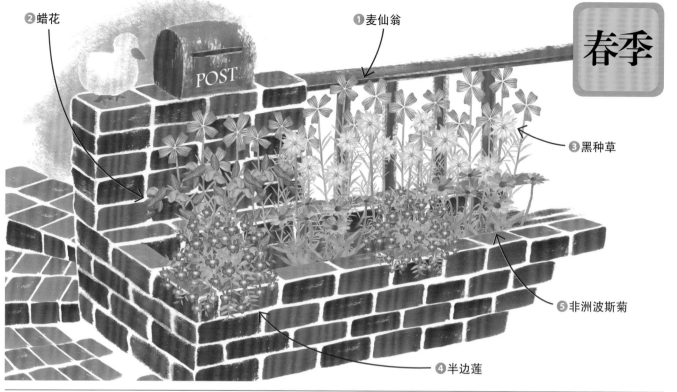

❷蜡花

❶麦仙翁

春季

❸黑种草

❺非洲波斯菊

❹半边莲

❷彩叶草

❶万寿菊

❸皇帝菊

夏季和秋季

❹矮牵牛花

❺凤仙花

植物的名称、开花期与长叶的时期

植物类型	冬季到早春	春季	夏季	秋季
一	✿三色堇 ➡P157	✿麦仙翁 ➡P153	✿万寿菊 ➡P159	✿万寿菊
一	✿蝴蝶花 ➡P157	✿非洲波斯菊 ➡P156	✿皇帝菊 ➡P159	✿皇帝菊
一	✿甜香雪球 ➡P155	✿黑种草 ➡P156	✿彩叶草 ➡P154	✿彩叶草
一	✿朱利安报春花	✿蜡花 ➡P155	✿凤仙花 ➡P153	✿凤仙花
一	✿梅兰报春花	✿半边莲 ➡P160	✿矮牵牛花 ➡P158	✿矮牵牛花

※带有花朵符号 ✿ 的是开花植物，带有叶子符号 🍃 的是观叶类植物。
※带有"一"字的是一年生或两年生植物。

移栽的时候一定要想好植物茂密后的样子

在同一个地方集中种植不同的植物，我们必须要根据植物的特性，以及它们与环境的契合度选择植物。日照较好容易干燥的地方就绝对不能种植喜阴或者喜湿的植物。

选择植物的时候，我们要对其成长之后的样子有一个概念才行。它们可能会纵向生长，可能横向扩散，也可能下垂等，在了解这些特性之后，我们才可以根据它们的形状大小等来设计种植的区域、间隔。例如，木茼蒿是比较容易横向扩散生长的植物，所以其互相之间就需要较大的间隔。而三色堇在冬季里叶子并不会很繁茂，所以可以采用较小的间隔。只有这样才可以真正把握移栽的诀窍。

这一系列的设计图中大多使用了一年生植物与多年生植物的组合。在一年生植物凋谢了之后，需要将其根部一同挖掘出来。如果枯萎的根部残留在土壤中，那就会影响到其他植物的生长，也容易让其他植物感染上病虫害。

第五章
独立打造自己的庭院

本章为大家介绍的是，自己独立打造庭院的方法和要点。其主要分为三大类：使用砖块和石块的砖块石块庭院、使用木材的木庭院和使用草地等的绿色庭院。所有的知识简单易懂，操作起来也很方便。

砖块石块庭院

砖块和石块（石头）通过组合和堆积可以打造出自然的庭院，它们独特的线条感就像是在庭院里勾勒线条一般。

1 形状散乱的石块。后方也是用石块打造的花坛 2 古董小池子和水龙头搭配而成的水池 3 改变砖块的铺设方向，展示不同的氛围 4 砖块打造的拱形花坛 5 散乱的石块搭建出三角形的石碑 6 具有方向感的铺设方法充满了视觉震撼力 7 S形的铺设方法，围绕出了小小的空间 8 砖块和铁架打造的拱形门和围栏 9 砖块打造的烧烤炉 10 从草坪到木地板的台阶用砖块打造

67

铺设图表

下面为大家介绍5种具有代表性的铺设砖块和石块的方法。按照我们的操作示意图进行详细的介绍。只有在具备了一定的铺设知识之后，我们就可以根据实际情况设计出合理的铺设方式。铺设图表中展示的是详细的步骤，而实际上根据土壤和环境的不同，我们可以对其中部分步骤进行省略。

示例1

铺设沙石

这是最基本的铺设知识之一。在打造庭院的时候，可以使用专门的园艺用沙石来铺设道路、庭院的角落等。有了这样的沙石之后，土壤不易流失。在铺设之前，先要用碎石块作为地基，然后再往上铺设沙石。碎石块、沙石的厚度分别为5cm左右比较合适。

操作流程

处理所需范围的地面

↓

挖坑准备铺设沙石

↓

将沙石铺设到坑里并压紧填平

↓

使用较小的沙石填补缝隙

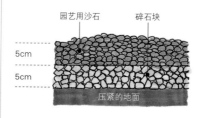

园艺用沙石　碎石块
5cm
5cm
压紧的地面

示例2

沙石铺好之后铺设砖块

上图为大家展示的是砖块的一种铺设方法。在这个铺设方法中，我们利用沙石与砖块之间的摩擦力来将砖块固定住。下方铺设的沙石在4cm以上就可以了。按照这个方式来铺设砖块，拆除的时候也很方便。（参照72页）

操作流程

处理所需范围的地面

↓

铺上碎石，并压紧填平

↓

铺上沙石，保持地面的平整

↓

铺设砖块，在砖块之间使用沙石填补

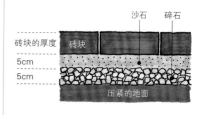

沙石　碎石
砖块的厚度　砖块
5cm
5cm
压紧的地面

示例3

鹅卵石的干练风格

如果不是频繁行走的区域，那么就不需要使用混凝土来打地基。把所需要的鹅卵石清洗干净，去除污垢。在灰浆完全干燥之前，将鹅卵石均匀地压到灰浆里。然后在上方铺一层1cm左右厚的水泥，最后将鹅卵石上面的泥浆擦拭干净。这样，在泥浆干燥了之后才可以看到鹅卵石上的光泽。如果能进一步打磨油或蜡，那就可以展现出鹅卵石更美的形态了。

操作流程

处理所需范围的地面
▼
铺上碎石，并压紧填平
▼
下面铺设混凝土，保持地面平整 *
▼
铺设灰浆，保持地面平整
▼
将鹅卵石压到灰浆中
▼
铺一层水泥
▼
打磨、擦拭鹅卵石

（带有 * 的操作可以省略）

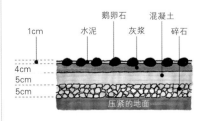

1cm 水泥 鹅卵石 灰浆 混凝土 碎石
4cm
5cm
5cm
压紧的地面

示例4

灰浆上铺设瓷砖

一些瓷砖类的砖块可以直接在灰浆上铺设。图中为大家展示的是在灰浆上直接铺设瓷砖的效果，瓷砖与瓷砖之间有一定的间隔。虽说看起来灰浆比较特别，但实际上就是最普通灰浆。在铺设了混凝土之后，灰浆可以帮助我们铺平地面，然后在上方铺设瓷砖即可。在瓷砖与瓷砖的间隔处，如果使用带有颜色的灰浆，最后又会产生不同的效果。

操作流程

铺设混凝土并打扫干净
▼
涂抹一层灰浆
▼
用线条确认铺设瓷砖的位置
▼
将具有黏连作用的灰浆涂抹到瓷砖上
▼
将瓷砖直接铺设到灰浆上
▼
保证瓷砖之间的间隔
▼
清洁瓷砖表面

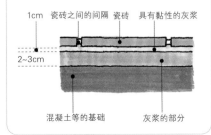

1cm 瓷砖之间的间隔 瓷砖 具有黏性的灰浆
2~3cm
混凝土等的基础 灰浆的部分

示例5

设置枕木

下面介绍关于枕木的知识。枕木本身就很重了，所以哪怕不用灰浆的辅助一样可以稳固。枕木的掩埋深度应该在10cm以上。埋好了之后需要加一点水，然后调整枕木与地面的高度，在水分干燥了之后就会更加稳固了。至于地基方面，只要地面足够坚硬，就算不使用沙石一样没有问题。沙石的厚度要够，这样才比较容易调节其水平位置。

操作流程

在地面上挖一个比枕木的轮廓稍微大一点的沟槽
▼
确定沟槽的底部坚固且结实
▼
铺上碎石，保持地面平整
▼
铺上沙石，保持地面平整
▼
铺设枕木，保持地面平整
▼
在枕木周围浇水，让枕木与土壤接触

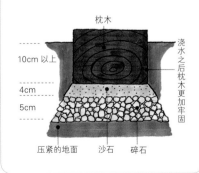

枕木
10cm 以上
浇水之后枕木更加牢固
4cm
5cm
压紧的地面 沙石 碎石

从花坛到大门口、围栏等，都可以使用砖块来打造。砖块与灰浆的组合，可以让形状多变。掌握了其中的基本技巧之后，我们就可以轻松打造一个梦想中的庭院。

切割砖块

按照需要加工砖块

使用切割机和扁凿切割砖块

在打造砖块庭院时，不管是平铺还是堆砌，都可能会需要一些特别的形状，因此需要对砖块进行加工。有的时候需要按照角度切割，有的时候只是切开而已。

使用切割机就可以轻松地完成砖块的切割。切割机的大小可以选择，刀片直径有 10cm、12.5cm、18cm 等各种规格。在加工砖块的时候，最好选择切割直径 10cm 的切割，其使用的安全性也是最高的，许多专业的园艺设计师也使用这一规格的切割刀片，这种切割片在普通的家居建材店就可以购买到。必须注意的是，切割机具有很大的危险性，所以操作的时候一定要多加注意。

切割机刀片的替换方式

用大拇指按住切割机一旁的开关，上面的刀片就会松下来。

将新的刀片放到齿轮的位置卡紧，然后左右旋转确定安装完成。

使用砖块的时候，我们常常需要将已经切割好的砖块堆积起来。这个时候使用的砖块不一定要完全切割成一样的大小。不同大小的组合，高低层次的搭配或许能带给我们更多的惊喜。而将砖块铺设在一起的时候，也不用太在意个别砖块的大小。只要互相之间的大小差别在 5mm 以内，实际铺设起来都不太能看出差异。

在切割砖块之前，可以先用铅笔在上面做好需要切割的记号，然后用切割机就可以轻松切割了。最后使用扁凿等工具来将其打磨平整。在进行这个操作的时候，一定要注意戴好防尘眼镜、手套等必要的工具。

这是切割砖块所需要的工具。从右开始分别是麻布口袋、沙石、扁凿、铅笔、施工锤子、切割机、直角尺。

通过将不同色彩的砖块组合在一起，可以展现出自己的品位。这也是自己动手铺设砖块的一大乐趣。

01

使用直角尺等工具，用铅笔在砖块上画上所需要的线条。

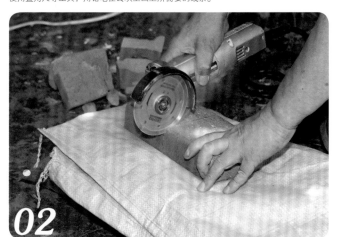

02

一只手压住砖块，然后另一只手从一侧向另一侧沿着刚才画好的线条切割。

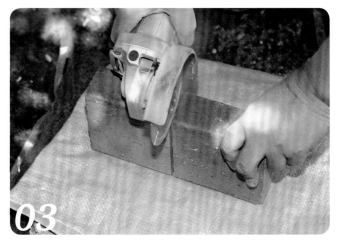

03

切割砖块的时候，要分别切割其四个方位。

04

当全部使用切割机切割了之后，四个方向上都有了小沟槽。

05

将砖块放到麻布口袋上，然后使用扁凿和施工锤子，轻轻地敲击砖块。

06

只要是四个方位都切割了之后，很轻松就可以将砖块分成两块。

铺设砖块

使用砖块搭建出一个空间

铺设砖块的时候，如果只是将手边的砖块按照顺序摆放在地面上，那肯定就会出现位置移动、下沉等情况，最后就完全没有任何形状可言了。

因此，我们可以事先用砖块搭建出一个空间，固定好其四周的界线。

这个示例中，我们将砖块横过来，然后通过灰浆（参照76页）来将其固定住，接着再在区域内铺设砖块。

操作的时候，一定要注意砖块之间的大小、造型差异，并且要保证搭建出来的空间要足够大。照片中用砖块搭建一个空间，其内部实际上留有2cm左右的空隙。

铺设砖块的时候，最基本的就是将砖块与砖块连接在一起，并且在其间撒上沙石。但从我们已经搭建的砖块来看，之后也要采用这种方式铺设剩余的砖块，但实际上操作性很强，并没有一个绝对唯一的铺设方法。

在决定好所需要的轮廓，并且在铺设好砖块之后，就可以在其间撒上专用的沙石，用于增加其互相的摩擦力来固定砖块。通过这种摩擦力，砖块的移动就降到了最小。所以，最后一步可千万不要忘记了。

搭建空间的方法

01 在所需要铺设砖块的空间上先摆放上砖块，并且在四周留出2cm的富余空间。

02 按照刚才测量出来的空间大小，把不需要的土壤挖掘出来。最理想的状态是铺设好砖块之后，其高度与原来的地面保持水平。

03 如果能够拿一块木板按照空间大小剪切好，用来测量空间大小就非常方便了。在这个空间的边缘位置上要挖一个15cm深的沟槽，方便将砖块安插进去。

04 在沟槽中铺上灰浆（厚度为5cm，宽度为10cm），然后在上面摆放砖块。

05 为了保证左右两边的沟槽高度一致，可以使用水平测量仪来辅助测量。如果手边刚好有大小合适的木板，也可以直接使用木板来辅助测量。

06 保证四周的砖块在同一水平上，这也可以使用水平测量仪来辅助测量。

07 这是铺设好四周砖块之后的效果。等四周的砖块稳固了之后，就可以开始最后的铺设了。

铺设砖块

01 在所需要铺设砖块的空间内撒上沙石，作为地基。

02 铺设砖块的时候，同样要在四周已经有的砖块附近撒上沙石。

03 铺设好砖块之后，要使用工具调整其高度。

04 为了稳固下方的沙石，需要轻轻地敲击上方的砖块。

05 大小不合适的时候要调整砖块的大小。

06 砖块之间的缝隙可以使用灰浆来填充，这样可以使它们之间更紧实。

07 使用专用的沙石填充缝隙。

08 调整所有砖块的高度，保证平整而紧实。

09 里面的砖块本身带有三文鱼的色泽，而周围的一圈砖块则是浅黄色的。此外，周围的砖块的铺设方式也与里面的砖块的铺设方式不同。这种铺设方式称为交叉式铺设。

传统的砖块铺设方式

交叉式

网状式

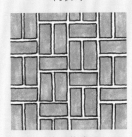

半网状式

菱形式

法式菱形式

堆砌砖块

灰浆每次需要等量铺设

下面为大家介绍的是，打造一个带有弧度的花坛的方法。使用这种方法可以减少四角形带给我们的刻板印象，增加庭院的造型变化。

在堆砌砖块的时候，首先要将灰浆（参照76页）等量地铺设上去，每一次都要控制用量。如果可以将灰浆的量控制到每次都基本一样，那么厚度就一致了，自然就比较容易使砖块平整，也不太容易出现倾斜的现象。

铺设砖块时，其形状到底要弯曲到什么程度呢？在本次示例中，我们并不需要加工砖块的形状，只要按照一定的倾斜角度来弯曲就可以了。

在铺设外围砖块的时候，一定要保证按照一个方向来对齐。比如，这个示例中，我们就要按照圆弧内侧的线条对齐，在铺设了一块砖块之后，要计划好下一块砖块铺设的位置和距离，将第二块砖块放上去之后还要在砖块之间填补灰浆。至于砖块的高度，也需要使用灰浆来进行调节，要保证所有的砖块都在一个水平面上。

一般来说，这样的铺设方式单独使用砖块与灰浆就可以完成了。不过，如果所需要的花坛的外围比这个示例中的砖块高度（大概是7层）高许多的话，那就要借助钢筋来塑造外形了。

要点

施工前先浸泡砖块，保证与灰浆结合更加牢实

砖块在湿润的时候与灰浆的结合会更加牢实，所以，施工前，一定要将所需要的砖块浸泡在水中。吸收了水分之后，砖块的表面会比较潮湿，这是一大要点。

铺设第一层的方法

01
在地面上挖掘一个大约10cm深的沟槽，作为铺设灰浆的位置。所需要的沟槽的宽度应该是砖块宽度的两倍左右，这样才可以保证地基的稳固。

02
在沟槽中铺设灰浆，宽度应该比砖块要宽5cm左右。铺设好灰浆之后就可以开始铺设砖块了。

03
使用水平校准器来确定铺设的砖块都在同一水平面上。

04
通过水平校准器还可以确认砖块其他方向上是否水平或垂直。

05
第一层砖块之间应该要保持1cm左右的间隔。

06
在铺设好第一层砖块之后，要在砖块之间使用灰浆来填充。填充的时候可以使用在蛋糕店常见的口袋。

07
一面填充了灰浆之后，还要在另外一面继续填充。

08
最后还要在砖块的上方填充灰浆来确保完全紧实。也就是说，要把砖块之间的所有缝隙都填满。

铺设好第一层砖块。

在铺设第二层砖块的时候，要按照照片上所展示的那样，注意使用等量的灰浆来保证其高度的一致。

铺设好灰浆之后是这样的状态，每一层的灰浆铺设方法都应该参照这张图。

第二层砖块的铺设位置应该与第一层砖块的缝隙是交错的，也就是说，第二层砖块的中间部分要对齐第一层砖块的缝隙。铺设的过程中要实时检查水平的情况。使用施工锤子轻轻敲击砖块可以进一步修正其高度和倾斜度等。

在铺设砖块的过程中可以加入玻璃块，事先应该确认好它们的大小，使用灰浆来调整细节。

要注意，添加了玻璃块之后也不能破坏已经有的结构。保证玻璃块与砖块在一个水平线上。

第二块玻璃的位置要参考第一块玻璃的位置来调节，达到一个较好的平衡感。

在边缘的位置可以使用木板来稍微支撑，确保砖块的稳固。

这是正在堆砌最上面一层砖块的示例。水平器一定要不离手，随时测量铺设的情况。

在堆砌好砖块之后，使用小工具将多余的灰浆去除。

在砖块的表面洒上水，将多余的灰浆用海绵轻轻擦拭掉。

在堆砌好砖块的大半天之后，可以将之前用来支撑的木块去掉。

简单的带有一定倾斜度的砖墙就砌好了。大约1.3m长，50cm高。

灰浆、混凝土等辅助工具的打造并没有想象的那么轻松，特别是在堆砌砖块的时候，灰浆和混凝土都非常重要，还可能会影响到最后的视觉效果。只有在把握了具体的技巧之后，我们才可以制作出理想的素材。下面就一起来学学具体的知识吧！

泥水匠的基本素材

水泥和灰浆

水泥

在进行泥水匠工作的时候，最基本的是使用水泥，水泥可以起到一个连接的作用。水泥里一般混有打碎了的石灰石、黏土、氧化铁、二氧化硅、铝等材料，在加入了水，并搅拌之后，其就会变得坚硬起来。水泥本身具有一定的强度，不过一般在具体使用的时候，往往要在里面加入一些沙石来混合，成为灰浆。而将水泥与专用的沙石混合在一起又可以打造成混凝土。水泥加入了水之后搅拌形成的水泥浆，可以用于修补墙壁的表面等。

可以使用的水泥品种非常多，例如我们在示例中使用的品牌就经常在园艺工作中使用到。

最基本的材料是沙石和水泥。水泥一般使用普通的品种即可，并不需要特别选择。

水泥、灰浆、混凝土在使用之后都会硬化，所以，使用过的工具要立刻清洗干净。

灰浆

在打造庭院的过程中经常会使用到灰浆，在水泥里搅拌一些沙石就是灰浆了。然后在其中加入水可以使用。不使用水而直接铺设的灰浆则称之为无水灰浆。

水泥与沙石的比例一般是 1：3。这个比例在调配的时候并不是参考其重量，而是参考其体积。也就是说，在按照 1：3 来调配的时候，并不是使用 1kg 的水泥和 3kg 的沙石，而是使用 1 桶水泥与 3 桶沙石。

将水泥与沙石充分搅拌之后再加入水就可以使用了。这样的灰浆可以用在许多地方，例如堆砌砖块和石料的时候，打造柱子与沟槽的时候，在材料之间填补缝隙的时候等。而无水灰浆则主要用于填补材料之间的缝隙。

根据具体的使用目的，我们可以在灰浆中加入不同量的水，这样可以调整其坚硬的程度。而具体的操作方法，则必须结合具体的用途。

灰浆的用量一般较多。因此，一般的建材店已经将水泥和沙石混合在一起了，买回家之后只要加水就可以直接使用了。

混凝土

混凝土可以说是"坚固"的代名词，这是在水泥中加入特别的沙石之后形成的。一般来说，水泥是 1 份，沙石是 3 份,而特别的混凝土沙石是 6 份。与灰浆相比，其中的水泥含量或许要少一些，可是，水泥毕竟只是起到黏着的作用，而沙石却是真正起到稳固作用。

混凝土在建筑业也经常与钢筋一同使用，就是所谓的钢筋混凝土结构。在打造庭院的时候，往往直接使用混凝土就足够了。

灰浆的制作方法

01 准备好搅拌所需要的箱子、铲子、锄头、混合工具等。

02 将水泥和沙石按照1:3的体积比例混合在一起，使用铲子等将其充分搅拌均匀。

03 搅拌水泥与沙石的时候一定要细心，确保它们充分地搅拌。

04 加入水泥和沙石体积30%左右的水，加水的时候要分成多次，不能一次性加入。

05 接下来使用锄头充分地搅拌，确保所有的粉末都与水混合并搅拌均匀了。

06 当一次性使用量很大的时候，可以使用更大的箱子和工具来搅拌，并且可以仿照混凝土的方式在其中加入特别的沙石。

辅助性材料

使用了灰浆的砖块结构一定会更加牢实，而且比较容易改变形状。不过，有的时候还需要使用铁丝网、钢筋、铁丝线等。金属线的直径为1mm左右。

钢筋表面可能会有凹凸不平的纹络，而且其直径也从10~20mm不等。在打造庭院的时候，使用直径10~13mm的钢筋就足够了。一般来说，砖块量较小的时候使用直径为10mm的钢筋，而工程比较大的时候则使用直径为13mm的钢筋。

铁丝网则使用直径为3mm左右的铁丝来编织，铁丝间隔为15mm左右即可。在搭建车棚的时候，我们可以将铁丝网用于混凝土的里面，增加其韧性和强度。

而比制作鸟笼的铁丝稍微粗一点，直径一般是1~2mm的铁丝用途很广泛，甚至具有一定的装饰效果。

灰浆混凝土的搭配示例

	水泥	沙石			混凝土沙石					
混凝土	1	3			6					
灰浆	1	3			不需要					
填充灰浆	1	2			不需要					
水泥浆	1	不需要			不需要					

※加入水的时候要少量多次

这是表面带有一定凹槽的钢筋，较大的为直径13mm，较小的为直径10mm。

水泥铲的选择方法

基本的水泥铲

在使用水泥或者灰浆的时候一定会用到水泥铲，这也是泥水匠必备的工具之一。

仔细观察会发现，简单的水泥铲可能有好几百种，那么在打造庭院的时候选择什么样的水泥铲才合适呢？我们只要根据自己的需求选择好用的水泥铲就可以了，没有硬性规定。

堆砌砖块时使用的水泥铲

堆砌砖块的时候，需要涂抹泥浆或水泥等，所以水泥铲需要选择好用的。一般来说，有专门用于堆砌砖块的水泥铲，也有专门用来填补空隙的水泥铲，甚至还有专门用来铲水泥浆的水泥铲。而且，这些水泥铲都有大、中、小各个型号，我们选择合适的大小使用即可。而水泥铲如果过大的话，使用起来就会不太方便。

堆砌砖块时使用的水泥铲有的是直角三角形的，而用来涂抹灰浆和水泥的水泥铲则一般是平板形的，比较适合将灰浆和水泥直接涂抹到所需的位置上。水泥铲的造型也有心形、板形等，而填补缝隙的水泥铲则具有特别的造型。那么多的水泥铲，选择使用起来顺手的就好了。

使用水泥铲盛一些灰浆，然后与泥浆箱子的内侧摩擦，可以获得合适的泥浆量。

带有间隔的砖块之间使用专用的小铲子，可以将其间多余的泥浆去除干净。

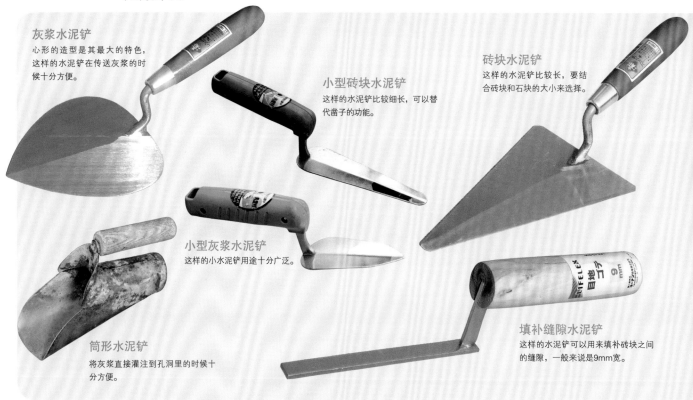

灰浆水泥铲
心形的造型是其最大的特色，这样的水泥铲在传送灰浆的时候十分方便。

小型砖块水泥铲
这样的水泥铲比较细长，可以替代凿子的功能。

砖块水泥铲
这样的水泥铲比较长，要结合砖块和石块的大小来选择。

小型灰浆水泥铲
这样的小水泥铲用途十分广泛。

筒形水泥铲
将灰浆直接灌注到孔洞里的时候十分方便。

填补缝隙水泥铲
这样的水泥铲可以用来填补砖块之间的缝隙，一般来说是9mm宽。

选择用于涂抹的水泥铲

　　在涂抹墙壁的时候，可以结合使用水泥铲与水泥板。涂抹水泥铲在水泥铲中种类最多，一般来说，专业的泥水匠都有许多的涂抹水泥铲。在打造庭院的时候，使用的水泥铲一般是比较普通的。

　　涂抹用的水泥铲不仅有大小的差别，还有质地坚硬与柔软的不同。一般专业的泥水匠会选用比较柔软的水泥铲，因为这样的水泥铲可以充分地将水泥涂抹均匀等，发挥其最大的作用。可是，如果想要打造一种粗糙的质感，那么柔软的水泥铲就不好用了。

这是在打造庭院的过程中经常用于涂抹的水泥铲。

水泥板上放上灰浆，然后用一只手操作水泥铲涂抹即可。这是一个需要练习的技术活。

涂抹水泥和灰浆的时候一定会用到水泥铲和水泥板。

水泥铲的两边可以有不同的效果，例如一边将水泥铺平且涂抹均匀，一边则增加水泥的厚度。（图片中的操作方法是从右方向左下方涂抹的。）

涂抹水泥铲
这是打造庭院时经常使用的一种水泥铲，其大小各异，而且软硬也不同。

木制匀浆水泥铲
在整理地面或者地基的时候使用较多。

园艺锄头
修整地面细节的时候大展身手的小锄头。

匀浆水泥铲
将灰浆或者混凝土压紧的时候，使用较多的网状水泥铲。

这是树脂材质的匀浆水泥铲，可以用来将水泥或灰浆铺展均匀。

铺设灰浆的水泥铲

　　在铺设砖块的时候，我们首先需要将灰浆铺设到地面上，那么这就涉及挖土、平整地面、铺设灰浆等操作，因此需要特别的水泥铲。

　　平整地面的时候，使用匀浆水泥铲即可。这种水泥铲一般比较大，使用起来很方便。当然，也可以使用其他的园艺工具来替换。

　　如果需要在较大范围上铺设水泥或灰浆，可以使用面积较大的水泥铲，然后从上往下轻轻地压紧水泥或灰浆。

　　除此之外，我们还可能使用水泥铲来整理地面、堆砌砖块等。

　　顺带提一句，在使用铲子挖土之后，我们可以使用一种称为园艺锄头的工具来修整细节。

堆砌与铺设方法

与规整的四角形砖块不同的是，我们使用了形状各异的砖块。这样就完全不需要去在乎是否对齐、是否是水平了。

不过，我们仍然需要考虑怎样才是最高效的铺设方法。

下面，让我们一起来复习铺设砖块的方法，同时进一步学习这种看似散乱却又有规律的铺设方法吧。

使用材料
旧耐火砖、碎石板、枕木、碎石块、沙石、水泥等。

主要工具
切割机、电动链锯（圆锯）、锤子、橡胶锤、砖块水泥铲、木制勾浆水泥铲、花铲、园艺水泥铲、锄头、海绵、水桶、水泥箱、水平校准器、尺子、线等。

工作的时候要时刻注意保证地面平整

　　这一次的铺设工作是以碎石板为主要材料。从建筑物的玄关到大门口，有一条大约5.2m长、3m宽的小路。

　　碎石板与枕木的组合也是亮点之一，这时候需要用灰浆来固定，并且先要打造出小路的边缘。

　　首先，将地面整理好之后就有了一个地基的部分。当时我们施工的时候发现，这部分土壤非常紧实，考虑到地基本身的高度和材料的厚度，我们最终挖了一个大概7cm深的沟槽。

　　在地基的部分完成之后，首先要将边缘的位置打造出来，而且要先将枕木安插好，然后再开始铺设碎石板。碎石板的形状不一，而厚度也有些许的差别，因此需要使用灰浆来进行调整。

　　在准备好上面的步骤之后，就可以开始基本的铺设了。首先，在地面铺一层灰浆，然后在上面放上碎石板，保证碎石板与灰浆紧密地连接在一起。在灰浆还比较柔软的时候要轻轻地敲石板，调整互相之间的高度，保证地面平整等。

　　最后，碎石板之间也要涂抹上灰浆，保证地面平整。本次铺设我们只使用了灰浆。碎石板之间的缝隙要保证比较随性，不能过于笔直或者呈十字状。

　　这样就完成了碎石板的铺设，在操作的过程中一定要反复检查地面是否平整，而碎石板之间的灰浆则不一定要非常平整。

步骤 1　测量区域，按照设计打造地基

01 在玄关上标记出具体的界线，照片中我们可以看到标记的位置，然后还要根据这个位置拉线，以确保其水平和垂直。

02 按照设计图的要求来拉线（照片中央的红线），然后按照要求挖土。

03 挖土之后，需要平整地面，确认水平和深度等，这次施工我们挖了大约17cm深。

04 整理好地面之后，还需要再次使用水平校准器来确定地面是否平整。

步骤 2　打造小路的边缘

01 在掌握了砖块的数量、色彩之后，在头脑中要有一个大概的印象，然后通过调整其位置顺序来进行排列。

02 按照排列好的砖块来确定灰浆的铺设位置，灰浆之间不要出现断裂，这样才能保证最结实的线条。

03 铺设好的灰浆应该是在拉线的下方10cm左右的位置，通过确认和调整砖块的高度来铺设好砖块。砖块在使用之前要用水浸泡，这样可以增加其与灰浆的契合度。

04 铺设好砖块之后要用灰浆填补缝隙，然后清洗掉其表面的灰浆。

设置枕木

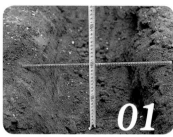

01

在决定好枕木的位置之后，可试着先把枕木放上去，由此来决定所需的深度和宽度等。

02

在沟槽中铺上沙石，然后整理平整。在铺上枕木之前，先要确定一下地面是否平整了。

03

铺设枕木，将枕木的高度与小路的边缘调整到一个水平面上。

04

在枕木周围浇水，让其与土壤连接得更加紧密。

铺设碎石板

铺设碎石板的要领

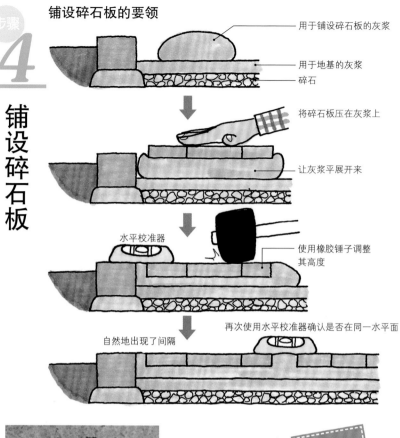

用于铺设碎石板的灰浆

用于地基的灰浆

碎石

将碎石板压在灰浆上

让灰浆平展开来

水平校准器

使用橡胶锤子调整其高度

自然地出现了间隔

再次使用水平校准器确认是否在同一水平面

要点

切割碎石板的方法

在使用碎石板的时候，一样可以使用切割机来切割。只是，为了保留碎石板本身随性的特点，我们要让切口处尽量自然。例如，可以在碎石板的下方垫一块铁板，然后用专敲碎石的锤子轻轻地敲击即可。

铺设的要点是呈现三叉状

要想打造完美的碎石板路面，我们千万不要将碎石板铺成十字形。最好是有意识地将它们铺成T形或Y形，也就是三叉状。这样才能保留最自然的风貌。

01

在碎石板上方铺设灰浆，让其填充到碎石板与碎石板之间的缝隙中。

02

用海绵把多余的灰浆擦拭干净。同时，要准备一桶水，一边擦拭，一边清洗海绵。

03

多余的灰浆可以用水泥铲轻轻地取出来，然后覆盖上土壤。

最后将靠近玄关位置的边缘整理平整并对齐。

04

步骤 5

填充缝隙

01

铺平碎石，并将其压紧。

02

将碎石板放到小路上设计位置。

03

开始小区域操作。在碎石板的下方铺设大约厚度为2cm的灰浆。

04

将碎石板放到灰浆上，然后轻轻地敲击碎石板让其牢固地与灰浆相连，并且调整其高度和倾斜度，保证地面平整。

完成！

05

从大门口到玄关的这条小路铺上碎石板和枕木，枕木调节了碎石板的单调，增加了观赏性。

堆砌与铺设方法

83

与墙壁融为一体的取水池.

堆砌的砖块成了一堵墙壁，然后其中安插一个水龙头就成了取水池。墙面的周围还镶嵌枕木，这样每次在取水的时候都不用弯下腰去，使用起来很方便。

砖块风格的取水池

旧砖块堆砌成的取水池，下方的池面则铺满了碎石块。整体的风格比较复古，而砖块又营造出一种自然而粗犷的氛围。

取水池的堆砌方法

铺设、摆放、堆砌砖块也可以打造出一个极具个性的取水池。

可用作花坛的圆柱形取水池

将取水池堆砌成圆柱形之后，发现它还可以用作花坛。取水池的池面是使用碎石板堆砌而成的，砖块与碎石板互相衬托，成为庭院的一大看点。

玄关前的取水池

在玄关前有一个用砖块打造的取水池。取水池的边缘上还种植了一棵树，而旁边又连接了一个小花坛，整体呈S形，自然而简练。取水池本身还可以作为花坛来使用。

接缝粗犷而自然的取水池

这个取水池是用旧砖块搭建起来的，特别适合展现野外的自然风格。砖块之间的间距较小，整体比较粗犷，而水龙头的造型也非常特别。

砖块与碎石板的组合取水池

在与邻居家相隔的地方设置了这个取水池。下方铺设的是碎石板，而砖块与它交相辉映。水龙头的下方摆放了小盆，里面装满了碎石块。这样在取水的时候，水就不会四处乱溅。

木制庭院

庭院里可以设置一个连接起居室的空间，然后用木材来打造。闻着木材散发出来的自然清香该是多么得舒畅啊。下面要介绍的就是木栅栏、庭院收纳架、庭院杂物架、木甲板的制作方法。

1 木地板与栅栏、凉棚的搭配 2 木甲板中长出来的树 3 木栅栏分隔出来的区域 4 木地板、长凳、凉棚浑然一体 5 西洋红雪松制作的木甲板 6 木甲板与木栅栏统一为白色 7 木甲板下隐藏的户外烧烤炉 8 木甲板与凉棚明暗交替的搭配 9 木格子是木栅栏上的亮点

木栅栏

这种英式风格的白色木栅栏充满了情趣，就好像可爱的"彼得兔"随时都可能探出头来一样。栅栏的风格非常传统，用1×4的木块就围住了这个庭院。而且，白色的栅栏很显眼，成为庭院与停车场的分隔线。

图中的白色栅栏可以运用基本技巧轻松打造。

正确的木材选择与涂色

在面积比较大的庭院里制作木栅栏或者木门的时候，我们会发现这些物件都会受到风的影响。只有打造好了地基之后，才能保证栅栏等的稳定性。本次示例中，我们用来稳固栅栏的石头，比较合适 4×4 的木板。如果木板的长度在 450mm 左右，那插入石头之后就会保留合适的长度。

本次设计采用的是一种名为"姜板"木栅栏的制作方式。使用大约 4mm 厚的胶合板，按照实际需要的大小，在胶合板上标记出具体的尺寸。然后使用线锯将 1×4 的木板一片一片固定。木栅栏的具体框架中，在支柱与支柱之间，需要使用 2×4 的木板作为横木，将支柱稳固地连接在一起。上方的横木与下方的横木要保持水平。下方的横木在固定时，不要使用螺丝，而是在支柱的一侧挖一个 10mm 深的沟槽，然后用 2×4 的木材来稳固。

在框架构架好之后，可以按照设计，在木板与木板之间分隔 50mm。横木只要上色正确了，那最后的效果也就会不错。

关于栅栏下方木板的位置，我们需要先以一块木板为基准，然后借用一块较长的木板将其横过来，用来保证其他的木板都在同一个高度上。最后再横过来一块木板，对齐位置就完成了。这就是简单而漂亮的木栅栏的制作方法。

木材数据表

木材的规格	木材的长度	木材的位置
1×4	740~950mm	29（木栅栏）
2×4	4010mm	1（上方横木）
2×4	1890mm	2（下方横木）
4×4	880mm	3（支柱）

使用材料
1×4木板、2×4木板、4×4木板、混凝土基石（3个）、灰浆、涂料

主要的使用工具
钻机（动力钻机）、圆锯、线锯、凿子、刨子、锤子、锉刀、铁锹、水平校准器、水盆、绳索、木工角尺、直角尺、卷尺等

基础结构

支柱
填充灰浆
填充灰浆
混凝土基石

栅栏结构

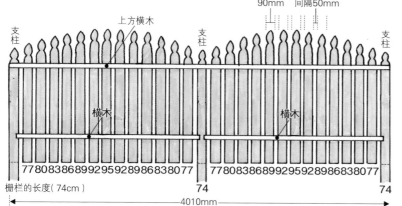

支柱　上方横木　支柱　支柱
90mm　间隔50mm
横木　横木
77808336869992959289868 38077　77808336869992959289868 38077
栅栏的长度（74cm）　74　74
4010mm

打造木栅栏的地基

01

按照绳索拉出的线条，在该线条上布置好地基所需要的混凝土基石。基石应该露出地面5cm左右，可以防止泥沙进入到基石内部。

02

在混凝土基石里填充灰浆，保证支柱不会受到土壤中的湿气的影响。在基石中填充了灰浆之后，还可以有效地防止支柱发生腐烂。

木栅栏

步骤 2

加工木栅栏的木板

01

将设计材料与木板贴合在一起，用铅笔在木板上画出所需要的线条。这次我们使用的是一种名为"姜板"的设计模板。

02

使用线锯可以轻松地把木板上方的造型锯出来。虽然这个工作比较简单，但是相对很单调，所以做起来需要一点耐心。

03

全部打磨好之后，用涂料涂抹木板。图中展示的就是给木板涂抹涂料的过程，这样摆放，涂抹起来很方便。

步骤 3

搭建木栅栏的基本结构

01

在支柱上先挖出一个沟槽，方便下方横木可以与支柱契合在一起。宽度大约是40mm，深度大约是10mm。在用墨笔标记了痕迹之后，借助锯子在木材上锯出线条。

02

使用锤子与凿子的组合，将沟槽的部分挖出来。沟槽靠近木材的部分，要使用凿子仔细打磨，确保其平整。如果在这个阶段能够将下方横木也一同涂抹上涂料，之后的工作就会简单许多。

03

支柱使用的是4×4的木材，高度是880mm。这个长度包括了要插入混凝土基石中的部分。

04

将支柱插入到混凝土基石中，保证其与地面垂直，在支柱与基石之间的空隙中继续填充灰浆，使支柱完全固定。

05

06

支柱之间使用横木来连接。下方使用的横木是2×4的木材，通过之前挖出来的沟槽就可以将横木与支柱牢牢地镶嵌在一起。

上方的横木长度为4010mm，如果使用标准长度的2×4的木材，也就是说，一根就足够了。

步骤 4

将木板加到栅栏上

01 为了均匀整齐地排列木栅栏的木板，我们要在上方和下方的横木上用墨笔来标记出正确位置。

03 作为标准木板的材料一定要保证其笔直，如图所示，在添加木栅栏的过程中，要固定这块木板的位置。

04 在每一个需要衔接的位置上用螺丝来固定，最后再以涂料来掩藏螺丝的痕迹。

02 为了让木板下方的高度统一，我们可以使用一块较长的木板横过来作为标准。只要让木栅栏的木板对齐这块标准木板即可。

05 完成了！

这就是做好之后的木栅栏。白色木栅栏总让人联想到英式风格的庭院。

要点

木栅栏的维护方法

木栅栏等物件在两三年之后就会慢慢展现出时间的痕迹。所以，我们至少每三年要重新涂抹一次木栅栏。涂抹的材料可以使用第一次涂抹时用的涂料，也可以选用色彩更深的涂料。要保证两次涂抹使用的涂料材质相同，例如水性涂料或者油性涂料。

如果木栅栏表面的涂料已经剥落了，那就要用刨子（或者电动刨子）将其表面打磨平整，然后再涂抹上涂料。

为了不让涂料滴到地面上，在涂抹的过程中要在木栅栏的下方铺设一块废布或者报纸。

用电动刨子将木板打磨干净，就连螺丝生锈的部分都可以打磨掉。

用海绵状的锉刀来打磨木材表面，这样可以处理到一些细微的拐角部分。

栅栏与大门

栅栏与大门都可以瞬间改变庭院的整体风格，而与具体的地理环境结合，又可以带给我们更多的变化。下面让我们来一起看看国内外的各种栅栏与大门吧。

绿色的木制栅栏

用白色的石块堆砌起来的支柱与绿色的木制栅栏的组合（澳大利亚）

百叶窗一般的木栅栏

使用枕木作为支柱，然后以百叶窗一般的木栅栏作搭配。这完全遮挡了来自外部的视线；一举两得。

绿色与白色的交相呼应

绿色支柱与白色栅栏的对比充满了古典栅栏的风味（澳大利亚）

编织感的木栅栏

通过圆柱体的支柱与横木（1×4木材）的搭配，打造出带有编织感的木栅栏，为单调的风景添加了无限的创意和韵律。

带有时尚感的大门

这个门的设计具有很强的时尚感。砖块砌的门柱搭配木栅栏是一绝。（澳大利亚）

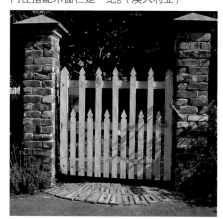

斜面上的木栅栏

木栅栏的铺设方法比较特别，使用1×4的木板斜方向上搭建。多年过去了，木板变成了灰色，但这又透露出另一番风趣。木材、花卉、绿色植物，永不褪色的百搭风格。

木栅栏与砖块花坛的组合

在简单的木栅栏前方有一个弧形的区域，在这里增添了一个用砖块打造的花坛。木材与砖块的搭配，淳朴而又风趣。

枕木木栅栏

高低不一、参差不齐的枕木搭配在一起，也可以成为木栅栏。而且，枕木上还可以摆放花盆，增加了园艺的乐趣。

特色的木栅栏造型

上方是比较简单的木栅栏设计，不过，木栅栏与支柱的设计一致，非常协调和统一。（美国）

下方是呈放射状的木栅栏，轻松而欢快。（新西兰）

典型的交叉型木栅栏

这里的木栅栏比较低矮，与背后建筑物很搭。在出入的大门处还设置了一个灯柱，平添了一道风景。（新西兰）

庭院收纳架

收纳和整理庭院中的工具

在庭院中、屋檐下都可以放置一个收纳架。这里并不需要多么特别的设计，实用性是最主要的。而大小则可以根据需求进行调整，选择合适的材料即可，无需过度加工。

主要材料
SPF（云杉–松木–冷杉）材料/1×4木材、
1×6木材、2×3（38mm×63mm）木材，
1×2（18mm×38mm）木材、木材螺丝
（40mm、65mm）

主要的使用工具
圆锯、线锯、卷尺、钻机

根据空间大小选择 1×6 的木材或 1×4 的木材

如果家里有一个小庭院，那就肯定会用到各种小工具，像铲子、扫帚、洒水壶、水桶等，有的时候还需要存放一些空花盆。

为此，我们需要一个庭院收纳架，把一些暂时不使用的工具全部收纳起来，保证庭院的整洁。

一般来说，收纳架的高度不要超过 1.1m，这样才方便身材比较娇小的女性拿取物品；收纳架设置成三层，最上面还可以添加一个比较狭窄的木板，总共也就是四层。

收纳架的结构很简单，也不需要特别的凹槽或者镶嵌，直接在木板上钉上另一块木板即可。

收纳架的材料使用的是 SPF 木材。在收纳架的 4 个角上使用的是 2×3（38mm×63mm）的木材，而纵向上使用的是 1×6 的两块木材，除了在搭建的时候将其对半切割成了两块以外，并不需要特别的加工。

如果在阳台上使用，空间可能会更加狭窄，所以用一块大型木材，或者使用更小的 1×4 的木材等。总之，大家可以灵活选用所需的材料。

步骤 1

木材的切割和组装

01

庭院中经常使用到的木材大体上可分为8类（详细参见96页）。

02

收纳架的四个角使用的木材将支撑整个收纳架，在需要架设横木的部分用墨笔做好标记。为了保证收纳架的平稳，我们一定要让4个角的高度一致。

03

使用木材专用的螺丝将横木固定到支架上，要注意横木的方向，不要反了。

04

在第三层的位置上用一个较宽的横木来固定，这样也能遮住支架凸出的部分。同样，两侧的横木高度要一致。

05

左右两侧的横木固定好之后的效果图。

步骤 2

做好支架背面的支撑

01

在支架的背面固定木板来加强支撑，同时要与侧面的木板相连。背面的木板不需要覆盖整个支架，只要保证在连接处固定好就可以了。

02

第三层用横木来固定，保证这部分的稳固性。

03

在收纳架的前面加上木板。为了保证放到收纳架上的小工具等不会滑落，我们可以将前方的木板设计得比实际摆放杂物的木板高出5mm左右，起到一个阻挡的作用。

04

全方位添加木板之后，我们的庭院收纳架就基本成型了。

01

04

将背面的木板固定好。

摆放杂物的木板要使用木螺丝固定。

02

在收纳架的顶端再加上一块比较狭窄的木板。

03

用卷尺来测量具体的尺寸，确定最后一块背面木板的安装位置。

最后涂抹上油漆等就完工了。

05

完成了！

木材数据表

木材的规格	木材的长度	木材的数量
1×2（19mm×38mm）	290mm	8
1×3（19mm×63mm）	680mm	3
2×3（38mm×63mm）	1100mm	2
2×3	820mm	2
1×6（19mm×140mm）	680mm	5
1×6	600mm	4
1×6	560mm	2
1×6	290mm	2

要点

正确的画线方法

如果要按照曲线进行切割，在切割之前就必须画好线。使用专业的工具当然更好，不过有的时候，我们没有办法立马找到这样的工具。因此，我们可以使用带有曲线的小物件来替代。这里我们使用的是涂料罐的盖子，也可以使用别的空罐子或者喷雾瓶子。在用铅笔标记好线条之后，就可以用线锯来切割了。

在描绘线条的时候，使用的是涂料罐的盖子。具体需要怎样的曲线，应该参照实际的位置和设计来决定。

左手轻轻压住盖子，右手使用铅笔画出线条。

这样的线条美观而工整。

使用线锯切割的时候，要从上往下观察，保证沿着画线位置切割。

庭院收纳架的平面图

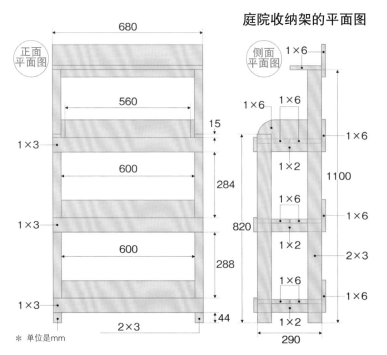

正面平面图

680

560

15

1×3

600

284

1×3

600

288

1×3

2×3

44

※ 单位是mm

侧面平面图

1×6

1×6 1×6

1×6

1×2

1100

1×6

820

1×2

2×3

1×6

1×2

290

木工③

庭院杂物架

简单打造防雨的坚实杂物架

在打造庭院或者房子之后剩下来的一些木材和材料就可以打造成一个简单的庭院杂物架，在比较狭窄的空间上摆放也十分方便。最关键的是要防雨，屋檐要使用结实的木材。

主要材料

2×4木材（SPF材料）、1×4木材（SPF）、杉木板（厚12mm、宽180mm）、针叶树木材（厚9mm）、OSB板（定向刨花板，厚13mm）、防御材料、屋檐材料、合页、栓锁、木螺丝（38mm、75mm、90mm）等

主要使用工具

电动螺丝刀、木工角尺、卷尺、锯齿、锤子、切割机

接合的部分使用螺丝固定

在自己的庭院里，常常会发现找不到合适的地方存储杂物。此时，我们可以打造一个小型的庭院杂物架，摆放在房屋的背后等狭小的空间里。杂物架不仅可以储存庭院的杂物，还可以放一些空瓶子等，非常方便。

这里要介绍的杂物架非常结实，而且具有防雨功能，制作起来也很简单。可以摆放在房屋的背后、小路上等，外观非常朴质。

首先用 2×4 木材（SPF）来搭建支架，可以用屋檐材料等来固定，最后再装上一个门就完成了。在接合的位置上要使用木螺丝来固定（这个杂物架的下部采用了埋头孔等方式来进一步固定），由于整体使用的是木材，所以看起来特别有组合家具的感觉。

杂物架的顶部还铺上了防雨材料，屋檐上只要铺好了防雨的材料就没有问题了。杂物架的外部还装上了一层比较便宜的杉木板，既然是在室外使用，我们就要在上面涂上一些涂料。这里的杂物架采用的是单开门的方式，如果空间允许，也可以采用双开门的方式。

步骤 1

组装支架

01

组装支架使用的是 SPF 的 2×4 木材，按照 P100 上展示的设计图来进行切割。部分木材的底部并不是平整的。

02

使用木螺丝来固定支架。在接合的部分更要注意其稳固性。最开始应该先打造杂物架的侧面支架。

03

在分别做好两组侧面支架之后，看到的就是这样的效果。

04

将底部的支架也做好。

05

最后完成上方的支架。

步骤 2

安装顶板、侧板、背板、底板

01

OSB 板（厚 13mm），按照大小进行切割，首先将底板安装上去，接合的部分应该使用钉子来固定。

02

OSB 合成板，按照大小进行切割，然后将顶板安装上去。

03

针叶树木材（厚 9mm），按照大小进行切割，然后将背板安装上去，接合的部分仍然要使用钉子来固定。

04

针叶树木材（厚 9mm），按照大小进行切割，然后将侧板安装上去。

05

在安装好顶板、侧板、背板和底板之后的效果。

步骤 3

安装外层材料

01

杉木板（厚12mm），按照侧板和背板的大小进行切割。

02

首先安装最下方的杉木板，大概是25mm的宽度，然后从下往上依次安装。

03

最上方的杉木板顶端应该有斜度。

04

在边角的地方可以使用两块1×4的木材来覆盖。木材的上部要按照设计，应该有斜度。

05

安装好外层材料之后的效果。

06

使用2×4木材来打造门框部分。在钉子长度不够的地方，首先可以使用电钻来打一个孔，然后再钉钉子。

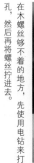

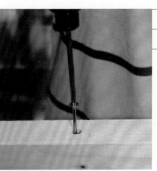

07

门框已经做好了，在杂物架的底部不需要做门框。

步骤 4

装好屋檐材料

01

在上方可以铺上防雨材料，使用钉子将遮盖材料安装上去。

02

在屋顶上开始安装屋檐材料。首先要确定前后的宽度是否足够，然后将两张屋檐材料部分重叠起来。可以使用专门的螺丝来固定。由于遮盖材料是波浪形的，所以，在凹下去的部分也要使用螺丝来固定。

03

这是安装好了屋檐材料之后的效果。

要点

螺丝够不着的地方，使用电钻来打孔

在木螺丝够不着的地方，先使用电钻来打孔，然后再将螺丝拧进去。

在通过木螺丝来结合木材与木材的过程中，有时木螺丝本身长度不够，那就要先使用电钻来打孔，然后再将木螺丝拧进去。当然，也可以使用斜方向打孔的方式，不过这样做，要小心木材与木材之间产生错位。

安装柜门和涂抹涂料

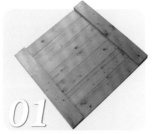

01 可以使用1×4的木材，组装成柜门。

02 这是2个合页和1个栓锁。

03 将合页安装到柜门上，在安装的时候，要注意柜门与门框的契合度，保证它们在一个平面上。

04 装好栓锁。

05 涂抹上涂料，这样做可以增加杂物架的使用寿命。

木材数据表

木材规格	长度	数量	木材种类	规格	数量
2×4	900mm	2	针叶树木板（厚9mm）	450mm×980mm	2
	980mm	2		901mm×980mm	1
	270mm	7	OSB板（厚13mm）	825mm×450mm	1
	825mm	6		901mm×470mm	1
	664mm	2	杉树木板（厚12mm）	450mm×180mm	14
1×4	880mm	2		901mm×180mm	7
	900mm	2			
	980mm	4			
	657mm	2			
	640mm	7			

庭院杂物架的平面图

※ 长度单位是mm

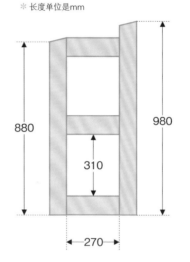

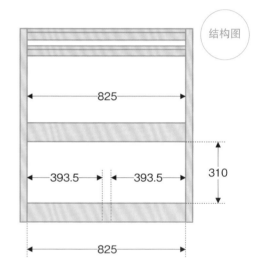

结构图

880 980 310 270 825 393.5 393.5 310 825

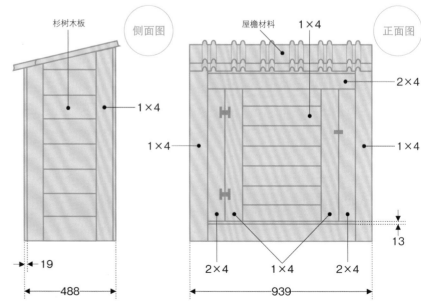

侧面图　杉树木板　1×4　19　488

正面图　屋檐材料　1×4　2×4　1×4　1×4　2×4　1×4　2×4　13　939

100

GARDENSHED WATCHING

庭院收纳

下面介绍的是可以让庭院的收纳变得异常轻松的物件。这些收纳物件的风格各异，从端庄典雅到活泼跃动，希望大家都可以找到适合自己的收纳物件。

利用栅栏进行收纳

这个收纳空间看起来是一个长长的栅栏，实际上是利用栅栏的厚度打造的收纳柜。栅栏直接延伸出了一个收纳空间，真是让人眼前一亮。这里可以收纳扫帚、钓鱼竿等物。

这里可以悬挂庭院用品，充分利用栅栏的空间来收纳物品。

这是收纳柜的柜门关好之后的效果，乍眼看过去以为只是普通的栅栏。

园艺工作台

在为植物换土、移栽的时候，我们都需要一个方便操作的园艺工作台。这个工作台还可以用来摆放一些小杂物，而顶部的曲线设计又增加了其美感。

在工作台的上方还有收纳空间，使用起来十分方便。

在切割木材的时候只要稍微添加一点曲线等元素，收纳架的整体感觉就一下改变了。

收纳座椅

这是兼具了收纳功能的座椅。使用1×6的木材来打造一个箱子，然后在前后的位置和背部使用2×4的木材做出扶手和靠背。整体完工之后，收纳座椅看起来朴质而简约，可以当做普通的座椅使用。

兼具了两种功能的收纳空间。

带有收纳功能的洗手台

在庭院里烧烤时，以及清洗餐具时都要用到洗手台。洗手台的下方则是收纳杂物的空间。双开门的方式也非常方便拿取杂物。

洗手台上方的小灯具有画龙点睛的作用。

植物支架

这个支架可以用来摆放一些大型植物，制作的时候使用的都是2×4的木材。在木材的顶端和底端切割出微微的曲线，增加了柔美的感觉。木材之间都是用螺丝来固定的。

这是使用具有一定的厚度的2×4木材打造出来的大型植物支架。

为了方便在室外使用，在支架的表面还涂抹了涂料。

木甲板

让庭院的世界变大变美

木甲板本身较大，看起来非常难制作。可实际上，只要你掌握了结构、地基、铺装等方法，那就可以轻松地制作了。下面就要为大家介绍制作木甲板最基本的方法。

1 结构

知道各部分的名称和功能

实际的结构很简单

木甲板的构造其实非常简单，哪怕是从来没有制作过的人也可以轻松上手。

首先是要按照下图，把每一个部分的名称和功能先熟记，这样在心里才有一个整体的概念。

只要记清楚了每一个部件之间的位置，实际制作起来就会很简单。

地板

这是木甲板的地面部分，为了保证通气，防止积水，可以在木板之间保留5mm左右的空隙。一般使用2×4或者2×6的木材，只要保证木材与木材之间没有重叠在一起，那铺设起来其实是很轻松的。

龙骨

这是支撑地板的主要部分，与地板的角度一直都是保持直角。从示意图就可以看到，龙骨是横向铺设的。而龙骨本身又是通过短柱来固定的。在我们看不到的部分，龙骨与木板可能会出现高低不平的情况。龙骨一般使用的是2×6的木材。

基石（束石、沓石）

这是承受木甲板整体重量的最重要的部分。将基石直接放在地面上的时候，一定要根据地面的具体情况来将之固定住。这里可以使用的基石形状很多，如果没有合适的基石，也可以使用砖块来代替。

手把手教你打造木甲板

椽木

椽木可以用来铺设地面，也常常用来架设木甲板的顶部结构。由于椽木本身较重，所以一般将2×4的木材纵向切割之后使用，有的时候也直接使用2×2的木材。

梁（横梁）

横梁是用来架设椽木的，作为支撑点，横梁与龙骨差不多。由于横梁比较醒目，所以，我们可以在上面做一些装饰。而横梁与支柱之间有的时候还需要加强稳固。

凉棚

凉棚也俗称为葡萄架、紫藤架等，一般是用来装饰庭院的，在夏日里可以起到遮挡阳光的作用，晚上还可以在上面架设灯光，起到增加氛围的效果。凉棚与横梁、椽木都有很密切的关系，设计风格也各种各样。

支柱（柱子、长柱）

这是支撑凉棚或者栅栏的柱子。有的时候直接将短柱延长来使用，不过一般都需要搭配其他材料一同架设。在架设好支柱之后，需要用螺栓等固定。一般使用的是4×4的木材。

扶栏

我们常常会触碰到栅栏的顶部，所以设置了一个扶栏。扶栏可以直接使用2×6的木材来打造。设计图中的扶栏延伸得较长，可以起到进一步稳固木甲板的作用。

栏杆

这是木甲板周围的护栏。可以防止东西从木甲板上掉下去，也可以遮挡一定的视线。如果是岩石花园风格的话，可以不用栏杆。栏杆的风格各色各样，有的是统一制作的，有的是带有个性风格的，还有的甚至是手工打造的。

短柱（较短的柱子）

在基石上可以直接架设短柱，这是支撑龙骨的重要部分。短柱比地板要稍微高一些，可以进一步支撑栅栏和凉棚。一般使用的是4×4的木材，由于其靠近地面，所以比较容易吸收湿气，因此要做好防腐的措施。

幕板

在地板的外侧用来包裹地板、遮掩木板结合口的木板，称之为幕板。此外，它还具有进一步固定龙骨、增加木甲板稳定性的作用。只是，从整体结构而言，幕板并不一定是必需的，所以可以根据个人喜好来选择使用与否。

根据地面情况，地基也可多变

地基是承受整个木甲板重量的基石以下的部分。在修建建筑物的时候，我们可以根据具体的情况来打造出不同造型的地基。但不管怎样的设计，地基都要支撑支柱等才可以。

打造地基的时候，一定要结合地形等因素来综合考虑。一般来说，如果地面土壤比较坚实的话，那就可以进一步压紧土壤之后铺上沙石（或者碎石），然后摆放上基石。这就是最基本的方式了。

可是，如果遇到不扎实、柔软的土壤，我们就需要借助混凝土等来稳固了。首先在地面上挖一个150~200mm的坑，然后在上面按照顺序铺上沙石、混凝土，最后将基石放上去。沙石与混凝土的厚度最好在50~100mm，基石肯定要水平摆放，在摆放的时候可以借助水平校准器来操作，通过锤子的把手端轻轻敲击可以调整其高度。

关于基石种类，我们在117页会继续介绍。不管是使用什么样的基石，其都不可以用土完全覆盖。如果将短柱直接接触土壤，那就会吸收湿气，最终造成短柱的腐烂等。所以，在短柱与基石之间最好放上一层硬质橡胶，增强其透气性。

如果需要在已经完成的路面（铺设了地砖、砖块、柏油、混凝土等）上铺设，那就更简单了。

地基很重要，因为它要承受所有木甲板的重量。不过，如果地面本身已经非常牢固了，那也可以直接将基石摆放上去。要引起注意的是，如果在窗台下进行操作，可能会出现一些坡度。不过，在实际操作的时候，出现一些坡度或者倾斜，也不是什么大问题，只要不影响到整体的结构就可以了。也就是说，只要将短柱稳固在地基上，那么即使地基有部分倾斜也不成问题。

当然，如果倾斜的位置太明显，那就需要重新好好打造地基了。在地基上再次倒混凝土，制作出平整的地基。

混凝土地基的结构示例
适合地面比较柔软的情况

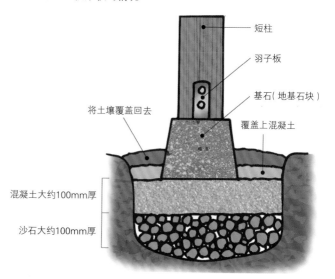

短柱

羽子板

基石（地基石块）

覆盖上混凝土

将土壤覆盖回去

混凝土大约100mm厚

沙石大约100mm厚

这是200mm厚的方形基石的示例。基石之所以能保持水平，是因为我们提前在下方那里铺设了沙石，然后借此调整了基石的高度和位置。

同样的地基也可以使用不同的基石。左方使用的是带有羽子板的基石，而右方使用的是用4×4木材打造的基石。

这是在地基的部分使用砖块的示例，其中带孔的部分需要使用混凝土填充。

地基的不同种类

地面类型	过程			
普通地面	挖掘	沙石	一	基石
柔软地面	挖掘	沙石	混凝土	基石
倾斜地面	挖掘	沙石	混凝土	较高的基石　※（短柱在1.2m左右）
混凝土地面	一	一	硬质橡胶或者包装盒	基石　※（可以直接使用）
凹凸不平的地面	一	一	混凝土	基石
不平整的岩石地面	一	一	混凝土来固定短柱	一

这里的木甲板有非常圆润的线条，长长的基石被完全打入地面，所以很稳定。为了防止木材出现腐蚀的情况，在支柱与横梁之间还没有木材。

步骤 3 基础

不起眼却非常重要的框架

支撑木甲板的短柱和龙骨

所谓的"基础"指的就是地板以下的部分，虽然这部分不起眼，但是却起着非常重要的作用。一般来说，我们可以在市场上买到笔直的，没有任何弯曲度的木材，这些木材可以作为打造木甲板的基础来使用。去建材市场的时候，要注意选择合适的木材。

基础的打造也有许多方法（参见 112 页），下面为大家介绍的只是其中一种方法而已。这种打造方法并不难，大家看了说明都应该可以立马掌握。短柱使用的是 4×4 的木材，而龙骨使用的是 2×6 的木材。

短柱与龙骨要以怎样的一个密度来衔接呢？龙骨之间的间距又要多大呢？一般来说，龙骨之间最好相距 60cm，而短柱之间最好相距 120cm。如果使用的龙骨木材是 2×6 的木材，那就可以稍微靠得更近一点。

搭建基础的时候，要选择笔直的木材。所以选择的时候一定要仔细观察和挑选。

基础的结构示例

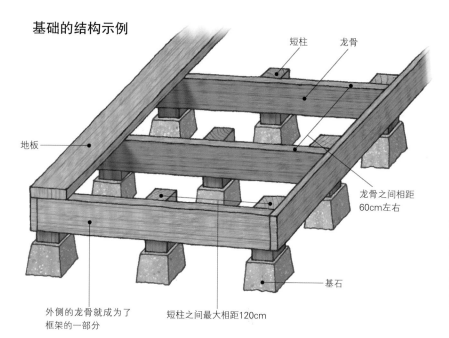

地板

短柱　龙骨

龙骨之间相距
60cm左右

基石

外侧的龙骨就成为了
框架的一部分

短柱之间最大相距120cm

要点

关于搭建的基础知识

使用两根龙骨来固定短柱

龙骨的数量可以决定基础搭建的方式。如果使用两根龙骨来固定短柱的话，那最后的基础就会比较稳固。这种方式也不一定需要各处采用，在需要承重量较大的地方应用即可。

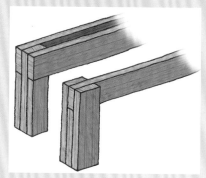

用2×4的木材来替代4×4的木材

在示例图中我们看到的是，使用3根2×4木材（有的是2×6木材）来组合的方式。不管怎么样，我们都需要将龙骨搭建在短柱的上方。这种方式与普通地将木材堆积在一起是完全不同的，它可以极大地增强框架的强度和稳固性。

地板高度决定龙骨高度

在搭建基础的时候，我们要设计好木甲板的所需高度。如果我们希望木甲板与玻璃门的下方齐平，那就可以参照玻璃门的下方高度来决定。当然，也可以让木甲板比玻璃门矮一些。

下方的设计图中展示的就是木甲板与玻璃门下方完全等高的方案。这样在进出房间的时候就很方便，而且有一种将起居室延伸出去的感觉。

这样的高度在真正开始搭建木甲板之前是无法决定好的。

要么根据玻璃门的下方框架的高度，要么根据一些特定的砖块的高度等来决定木甲板的最终高度。然后就需要测量出一条水平线，方便之后的作业。这样的方式可以简称为"定高"。而龙骨的高度又要在这个高度决定了之后才可以推算出来。

将木甲板的高度与玻璃门的下方对齐。为了保证框架和短柱的稳固，在墙面与木甲板之间使用了 2×6 的木材来进一步加固。

木甲板高度的示例

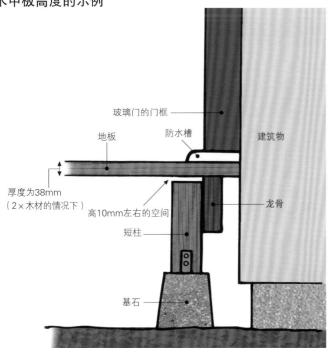

玻璃门的门框
地板
防水槽
建筑物
厚度为38mm
（2×木材的情况下）
高10mm左右的空间
龙骨
短柱
基石

要点

使用透明水管来校准水平

如果玻璃门的下方距离地面有 50cm 的高度，那么从地面上直接测量 50cm，往往这个高度与玻璃门下方不在同一平面。

下面要使用一种校准水平的方法。将透明水管的一方固定在任意的高度上，将其中灌满水，然后将水管的另一方立起来，这一端水面的高度，与固定好的水管一端的水面高度肯定是一致的。

之后再利用绳索固定好水平面就可以开始施工了。

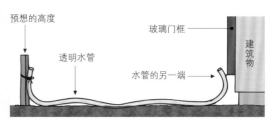

预想的高度
透明水管
玻璃门框
建筑物
水管的另一端

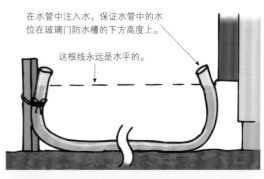

在水管中注入水，保证水管中的水位在玻璃门防水槽的下方高度上。

这根线永远是水平的。

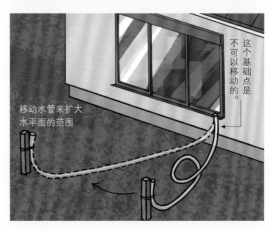

移动水管来扩大水平面的范围

这个基础点是不可以移动的。

打造的基础流程

优先打造框架，事先决定高度

　　前面提到，我们可以使用已有建筑物的高度来决定木甲板的高度，这是一种高效的方法。建筑物的基石与木甲板的基石之间要相隔一定距离，固定一排基石。

　　然后是短柱，对齐玻璃门的下方高度，第一行短柱的位置就确定了。首先使用两根短柱来固定基石。不过，目前只是一个试铺设的阶段。

试铺设第一行的短柱。

基石与墙壁之间的距离可以使用木工角尺来测量。

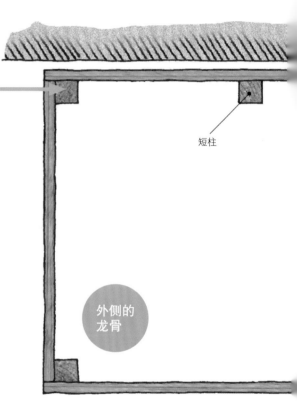

短柱

外侧的龙骨

优先打造框架

　　打造木甲板的框架有许多的方法，许多施工公司采用的方式都不一样。下面要介绍的方法上手容易，不需要高端的技巧。

　　按要点一步一步操作。提到打造木甲板，大家肯定想到的流程一般都是：先固定好基石，然后再搭配短柱来固定基石，之后再接合龙骨，也就是一种从下往上的搭建方式。可是，在不同位置上的短柱，要想让其保持在同一个高度上，实在是难上加难。

　　因此，我们可以先架设好外侧的短柱，然后根据短柱的位置再进行下一步操作。

　　首先使用四根短柱和四根龙骨来决定好框架。内侧的龙骨不要紧贴短柱，而是要成为整体的框架，剩余的短柱任何时候加上去都可以。龙骨确定好了，就代表一个水平面搭建好了。

　　要想打造最传统的木甲板的框架，可以按照第一步到第四步的方法来操作。

第二步　架设第一根龙骨

首先从靠近建筑物的部分开始，将第一根龙骨架设在左右两根短柱上。不过，龙骨是位于短柱和建筑物之间的，要想钉上木材专用螺丝可不容易。所以，首先要试铺设上去，然后在短柱上标记好与龙骨接触的位置（标记印记）。标记好位置之后，可以按照片中所示的方法，使用电钻钻孔，再将螺丝拧上去。这样就可以保证短柱与龙骨完整地接合在一起，然后再将其放回到基石上，使用羽子板固定好。

在将短柱和龙骨固定到基石上的时候，要时刻保持材料的垂直和水平。

站着肯定不方便工作，在拧螺丝的时候要蹲下来。

外侧的龙骨要先架设

第三步　准备好四个角，大体框架就成型了

示例图A

3
4
5

3：4：5的比例就是直角三角形的勾股定律

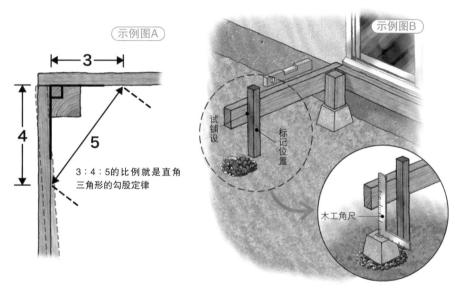

示例图B

试铺设

标记位置

木工角尺

一般的龙骨和短柱固定好了之后，我们就可以使用各种工具来确定其高度、水平、直角等。这样大体的框架就出来了。

我们用左侧的龙骨来做一个简单的说明。首先，要按照第二步的方法确定左侧龙骨与第一根龙骨的高度一致，接着使用木螺丝将其试着固定住。

然后是决定角度。为了达到直角的效果，我们可以参照示例图A中示范的3：4：5的法则，比如90：120：150也是符合这个法则的。在内侧90cm的地方向着斜方向引出150cm的线，如果线的另一端刚好与另一根龙骨接触，那就保证了剩下的一条边是120cm了。这就完成了一个直角的测量。通过这种方式决定好角度之后，还要使用水平校准器来确定水平状态，在需要固定短柱的地方做好标记。

此后，我们可以进一步借助木工角尺等工具来确定好短柱的具体位置。这样就架设好了第二根龙骨，而之前靠近建筑物一侧的龙骨就可以完全固定了。

同样，右侧的操作方法也是一样的。最后一根龙骨的架设，也应该保证其水平与垂直状态。这样，地基的基本框架就制作好了。

第四步 接合剩下的龙骨与短柱

外侧龙骨完成之后，整体的框架就完成了。剩下的龙骨，只要按照已有的框架安装上去即可。靠近建筑物一侧的龙骨安装起来相对困难一些，可以在木材上事先标记好所需固定的位置。

在安装好了所有龙骨、搭配好基石之后，就可以把短柱一根根安装上去了。这一步完成了，木甲板的框架也就建好了。

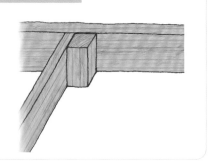

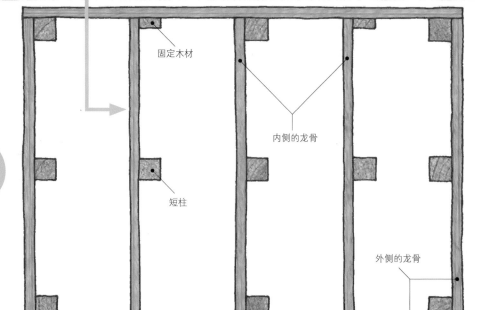

内侧的龙骨安装好之后就完工了

固定木材

内侧的龙骨

短柱

外侧的龙骨

木甲板的框架也可以有许多的造型。这是加入了横木之后的情况。

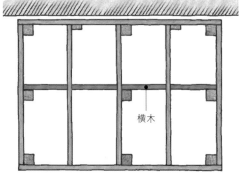

横木

关于中间的横木

龙骨可以两根重叠在一起，按照示例图中展示的，在龙骨的纵向上再架设一根横木。这样的方式可以让木甲板的框架更加结实，而且，有了这根横木，我们甚至可以减少短柱的数量。

但是要注意龙骨的高度。如果是2×6木材的话，其宽度为140mm，所以，两块木板重叠在一起就是280mm，再加上木地板的高度等，所以，最好的高度是在400mm左右。

步骤 4

铺设地板

将木地板固定在龙骨上

木地板的空隙可以通风和进行微调整

在铺设木地板的时候，使用 2×4 的木材或者 2×6 的木材，并将木材固定到龙骨上。与需要注意水平和垂直的木甲板框架制作对比就会发现，平面作业的地板铺设很简单。而且，工作的时候成就感很足，可以期待着最后完工的效果。

地板根据不同的设计可以紧密地连接在一起，而没有任何空隙。可是，为了不让雨水积在地板上，我们可以在地板之间留有一定的空隙。不过，这个空隙不要太大，不然可能会有东西掉下去。因此，3~5mm 的距离即可。

这样的空隙除了起到通风的作用，还可以在需要微调整的时候进行调整。

由于木板的数量较多，所以很容易出现最后一块木板所需面积不够的情况。这时，我们就需要调整最后一块木板的大小。

在固定木板的时候，可以借助具有一定厚度和重量的工具。

铺设地板的时候，第一块木板是最重要的。首先我们要选择笔直的木板，而且要时刻注意木板与龙骨是否保持垂直，可以借助木工角尺来测量。

如果每一块木板都能与龙骨保持垂直，那就更容易确定好间距进行铺设了。在不确定的时候，一定要借助专业的工具来测量。在将地板全部铺好了之后，可以进行一些微调整。

木螺丝（或者钉子）在操作的时候要两个一组，而最后木板的一些突出来的部分可以使用圆锯来进行修整。

要点

使用简单的物品来辅助铺设

在确定木板间距的时候，我们可以使用一些专业的工具，也可以直接使用简单的物品来辅助测量。例如，可以切割 2× 木材的一部分，或者使用合成板的一部分等。

将 2× 木材切割之后就得到了一个很薄的间距测量工具。要想将其切割到很薄需要一定的技术，不过很薄工具使用起来很方便。

这是具有一定厚度的小工具，一样可以作为间距测量的工具，而且使用起来简单方便。

甚至还可以使用一根螺丝钉来作为间距测量的工具。只是，如果太用力的话，螺丝钉可能会陷入木材中。

在安装地板的时候，要时刻确认其与龙骨的位置关系。

享受木甲板的设计

铺设地板的时候，我们需要使用的铺设方法比较多变。

可是，实际上铺设的时候必须要先设置好龙骨的位置。

下面我们列举的铺设方法，都是与龙骨的位置所搭配的。例如，这个空间假设为1200mm×1800mm，然后地板使用2×6的木材。

如果地板使用2×4的木材，那么龙骨之间的连接就要更加紧密才行。

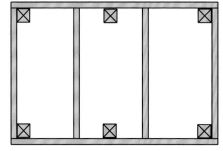

基础的方式

这样铺设横木的方式很基础，而且看久了也不会产生视觉疲劳，可以直接使用较长的木材，以节约时间。这是最简单的铺设方式，可以在此基础上进行多种变化。

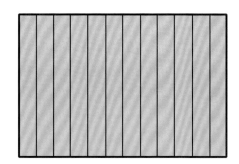
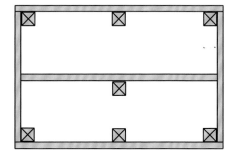

横平竖直的方式

这是非常流行的铺设方法，之前提到的横木，这次铺设的方向却改变了。但不管怎么说，横木的位置都应该与木地板的方向是垂直的。

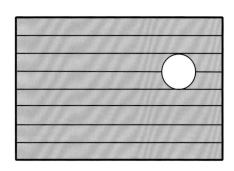
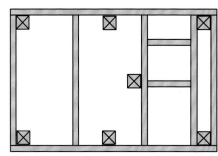

为树木预留空间

在地板上留一个空间种植树木的情况也不少见，只是这个空间原来的支撑物没有了。那么，就需要在靠近这个空间的位置上组合一些龙骨来进行固定。

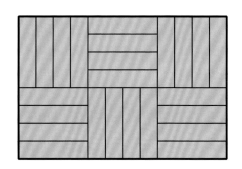
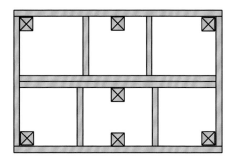

横竖结合的方式

使用2×6木材可以打造出一个个小正方形空间，每一个正方形的横竖方向上都要有龙骨来支撑。因此，木甲板框架的龙骨结构也需要发生相应变化。

步骤 5

一阶两阶的小台阶也有许多的变化

增加台阶面积

在制作台阶的时候，木甲板已经基本成型了。不过，根据不同的台阶造型，我们需要进行的操作可能大不相同。一般来说，地板的高度都是 40~60mm，所以，一阶或者两阶就足够了。而台阶面积较大会比较方便。使用 2×10 的木材（宽度为 238mm）就可以了。

枕木台阶方便拿取

用枕木来制作台阶实在是太合适了。下面放两根枕木，上面放一根枕木就搞定了。为了防止枕木的移动，需要使用钉子将它们固定在一起。

另一种带有侧板的台阶

将木板夹在两个侧板之间也可以打造台阶。在接触的部分使用钉子或者螺丝等，就可以轻松地将其接合在一起。而侧板的下方最好不要直接接触土壤，而是铺上砖块等。这样可以起到防止木材腐烂的作用，并且保证其平整。左方的照片中直接使用的侧板与木板的连接，用螺丝等来固定。而右方的照片中还在中间多加了一个支撑板，增加了台阶的承重能力。一般来说，台阶宽度在 900mm 以上的比较合适。

将台阶与木甲板融为一体

不需要特别的设计，只要在地板较低的部分安装上龙骨，就可以为台阶预留出空间了。这样可以让台阶与木甲板融为一体，也可以让我们体验到自己打造木甲板的最大乐趣。

上方的照片预留出的是一个三角形的台阶位置。这样可以方便我们从三个方向走上木甲板。下方的照片是直接使用了木甲板的一端来作为台阶。

借助已有工具打造台阶

如果已经有了合适的工具，那就可以更加方便地打造出台阶。例如，示例中使用的侧板，本身已经有了高低分层，只要将两个侧板固定好，在上面铺上木板就是台阶了。不需要特别的切割，甚至不需要木工角尺都可以制作出来。

如果想要从头打造这样的侧板，可以在木板上标记出所需要的高度和位置，然后再进行切割。之后再利用木工角尺来决定具体的角度，将多余的木材去掉之后就成为图片中展现的侧板了。

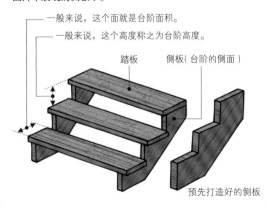

一般来说，这个面就是台阶面积。

一般来说，这个高度称之为台阶高度。

踏板　　侧板（台阶的侧面）

预先打造好的侧板

工具指南

下面为大家介绍的是在独立打造庭院的时候所需要的一些工具。在大型的建材市场都可以找到所需的工具，使用起来也很简单。

电动工具

圆锯

正确使用圆锯可以加快工作的进度，在制作木甲板的时候经常会用到。如果将刀刃换成特殊材质的话，不仅是木材，就连砖块、管道等都可以轻松切割。使用的时候要多加注意。

线锯

与圆锯相比，线锯的威力不够强，但是却可以沿着地板进行切割，在打造门柱、围栏等的时候经常会用到。如果将刀刃换成特殊材质的话，还可以用来切割铁或者瓷砖等。

电钻

在打孔的时候，或者固定螺丝的时候可以使用电钻。这是独自进行木工活的时候不可或缺的工具，使用这个电钻可以减少许多的工作量。而前方的钻头也是可以替换的，用途很广。

切割机

切割机上装有钻石切刀等磁盘，所以可以用来切割砖块、研磨工具、去掉铁锈、切割金属等。特殊的切割机也可以用来研磨木材。

电动螺丝刀

电动螺丝刀本身也有锤子的作用，所以在高速运转的时候可以产生很大的力量，让普通的螺丝能够被拧得更加稳固。在加工一些大型物件的时候一定会用到。

电动研磨机

不管是研磨木材还是金属，或者去掉表面油漆、铁锈等情况下都可以使用。通过发动机的带动，圆形的研磨盘会转动，从而产生研磨的效果，可以让物体的表面变得光滑起来。

手持工具	测量工具	泥水匠工具

手持工具

锤子
在钉钉子等的时候可以使用。

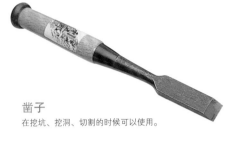

凿子
在挖坑、挖洞、切割的时候可以使用。

刨子
在切削木材表面，获取平面的时候可以使用。

锯子
切割木材的时候可以使用。

钉凿
在挖洞的时候可以使用。

测量工具

水平校准器
水平校准器里面有含有气泡的校准刻度，可以测量水平、垂直的角度。

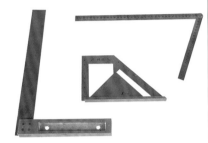

直角尺
用来确认直角的工具。实际上可以调整角度来测量不同位置。

卷尺
一般使用5.5m左右长度的卷尺，用于测量。

粉笔线
可以一次性就画出所需要的线条

木工角尺
可以测量垂直、直角等，同时也可以测量距离。

泥水匠工具

水泥铲
在需要灰浆、堆砌砖块等时候都可以使用到水泥铲，水泥铲的种类很多。

水泥盆
在使用灰浆的时候可以用到，用途很多，形状、大小各异。

水桶
在使用灰浆、混凝土的时候可以用到。

橡胶锤
在微调整砖块的高度等的时候可以用到。

扁凿
在加工砖块的时候可以用到，推荐使用刀刃宽的扁凿。

独轮车
在运输材料、灰浆的时候可以使用。

夯子
在稳固地基的时候使用，也可以手工制作一个。

材料指南

木材

2× 木材

这一类木材具有固定规格，所以使用起来比较方便，而且价格也不高，在打造庭院的时候使用很广。其中最有人气的是 SPF 木材、具有防腐处理的木材和西洋红雪松木材这三种类型。

尺寸都是以 2× 开头的，厚度一般是 50mm。2×4 木材则是 10mm 宽。如果是 1× 木材的话比较薄，而 4× 木材则比较厚。

※ 正确的尺寸请参考其他项目

A到C是1×木材。
D到F是2×木材。

2×木材的长度示例	
规格	实际尺寸
6尺	1830mm
8尺	2440mm
10尺	3048mm
12尺	3650mm
14尺	4270mm

木材的尺寸数据表	
规格	实际尺寸
A 1×4	19mm × 89mm
B 1×6	19mm × 140mm
C 1×8	19mm × 184mm
1×10	19mm × 235mm
D 2×4	38mm × 89mm
E 2×6	38mm × 140mm
F 2×8	38mm × 184mm

在建材中心可以买到不同的木材，但要注意它们是不是都是笔直的。

枕木

原本枕木是用来修建铁路的，但现在越来越多的庭院中开始使用废旧的枕木，甚至作为一种家居装饰。例如在大门口、栅栏、取水池中都有相应的应用。

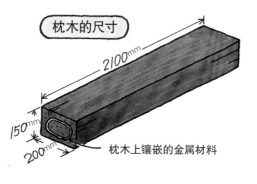

枕木的尺寸

2100mm
150mm
200mm

枕木上镶嵌的金属材料

这是枕木营造出的另类庭院风格。

金属材料

圆钉、螺丝钉

钉子

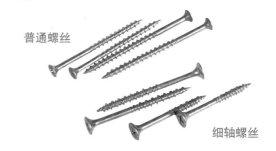

这是木工上常用的钉子。照片中分别是圆钉和螺丝钉。选择钉子的时候，要选择长度是木板厚度2~3倍的钉子。

普通螺丝

细轴螺丝

木材专用螺丝

细轴螺丝也被称作是木材专用螺丝，其使用寿命可以达到普通钉子的5倍以上，使用电动螺丝刀可以很轻松地固定木材。

石材

基石

正如名字展示的那样，基石就是用来架设木甲板，或者修建建筑物时使用的石块。一般来说，基石上可以直接搭建短柱，或者借助混凝土进行稳固。此外，其还可以有许多种类，例如沓石、羽子板沓石、2×4 木材专用基石等。

羽子板沓石（束石）
这是羽子板与基石结合在一起的形式，用来固定柱子等

2×4木材专用基石

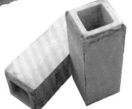
用来填埋的基石

传统的基石

混凝土平板

砖块

只要提到砖块，大家可能首先想到的就是红砖块。不过，现在市场上有越来越多国外引进的砖块，在普通的建材市场都可以买到。不管是色彩、风格、功能，还是尺寸都很多，可以根据自家庭院的氛围和外部结构来选择合适的砖块。

外国引进的砖块。近年来砖块的品种越来越丰富

具有防火性能的旧砖块。可以营造出古老欧洲的氛围

红色砖块。左方是一半的大小，第二个是基本大小，第三个是羊羹形砖块，最后一个是一半厚度的砖块

防火砖块。照片中可以看到SK32的印记，表明可以耐热到1300℃

中间有凹槽的砖块，可以用来盛放灰浆

砖块
在修建墙壁等建筑物的时候可以使用，也常常用来打造庭院里的围墙等

这是被称为边缘石的砖块，可以在花坛或者道路的边缘使用

碎石块
大小形状不一的石块，可以在大门口或者庭院的露台中使用

其他

水泥
这是制作灰浆或者混凝土的必备材料，有的水泥还具有防火的功能

灰浆
在铺设砖块的时候一定会用到灰浆。它是沙石与水泥按照一定的比例组合起来的，根据用途不同还可以进一步调整比例

沙石
混凝土、灰浆等都可能用到沙石，也可以用于基石的地基等

碎石
在打造混凝土的时候使用，可以用来制作基石的地基等。尺寸大小也不尽相同

绿色庭院

　　要想展现庭院的自然风格，最直接的就是种植植物了。下面就要为大家介绍其中的技巧。包括草坪的铺设方法、如何维护和管理、如何种植树木等。

1 用砖块的花坛进一步衬托出庭院主要树木的风采 2 草坪赋予了庭院跃动的色彩 3 蓝天下的草坪和绿树相映成趣 4 草坪与地面的对比让人心动 5 石材、枕木与绿色的和谐之美

铺设草坪

绿色工程①

有着让人光脚飞奔的诱惑

在阳光下，郁郁丛生的草坪犹如绿色的绒毯和画卷。看到这样的草坪，你难道不想脱掉鞋袜上去奔跑吗？难道不想在上面舒服地躺一躺吗？这可是一个让人放松的空间。

野草

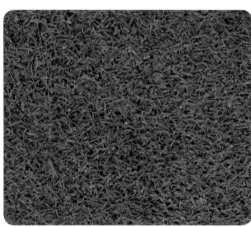

蒂夫顿草

高丽草

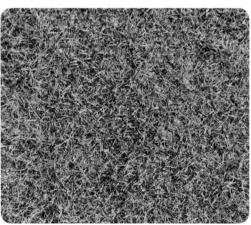

翦股颖草

姬高丽草

蓝草

通风和排水对于草坪来说至关重要。

选择合适的时间和地点，并改良土壤

地点和时间

铺设草坪要在春天！
日照好、通风好、排水好的土壤
是首选！

在铺设草坪的时候，一定要清楚在哪个位置铺设。而最适合草坪生长的地方具备了以下三个条件。

①日照充足
②通风良好
③排水良好

一定要避开背光的位置和排水不好的地方。

铺设草坪自然要选择在春季了。不过，受到地域性和气候的影响，只要冬季不降雪，也可以考虑铺设草坪。根据季节来注意气温和降水量即可。

选择日照较好的地方吧！

改良土壤

是黏性土壤的话，就需要改良啦！

下面是选择合适的场所。用铲子来挖出一点土壤，看看是什么样的土质。如果是黏性土壤，那就需要在其中加入腐烂的树叶、珍珠岩粉等来改良。如果是过于干燥的土壤，也可以使用腐烂的树叶、堆肥等有机材料来增加其保水性，改良土壤环境。

当然，有的土壤不需要进行改良就可以直接铺设草坪了。只是，在草坪铺设之后，特别是在其生长之后再改良土壤就很麻烦了。所以，为了保险起见，可以在铺设草坪之前先改良土壤，让草坪可以维持更好的生长状态。

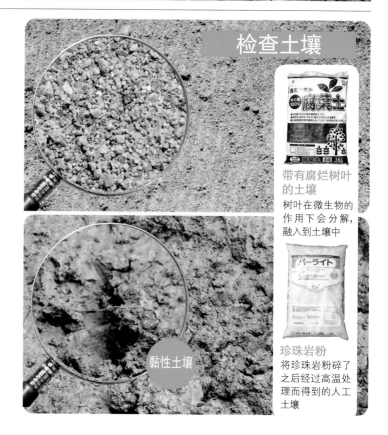

检查土壤

黏性土壤

带有腐烂树叶的土壤
树叶在微生物的作用下会分解，融入到土壤中

珍珠岩粉
将珍珠岩粉碎了之后经过高温处理而得到的人工土壤

步骤 **2**

选择草坪的方法和铺设方式

草坪草的分类

暖地型和寒地型
选择适合庭院的草坪

　　草坪草的分类很多，可以参照右方的图表。野草、高丽草、姬高丽草（日本草）、蒂夫顿草（西式草）等属于暖地型草坪草。而翦股颖草（西式草）则属于是寒地型草坪草。草坪草生长的最佳温度分别是 20 ～ 25℃ 和 15 ～ 20℃。

　　暖地型草坪草。在天气变冷之后，草坪草会变成金色并枯萎。来年春天又会发出新芽重新开始生长。而寒地型草坪草则比较难以购买，其冬季会继续保持绿色，而且其不需要太多阳光，所以也可以通过种子繁殖。

　　我们要根据地域和气候的不同来选择草坪。在购买的时候，一定要选择新鲜的，根部已经具有一定长度的草坪。

草坪草的分类

寒冷 ➡ 温暖

	寒地型草坪草（冬季草坪）	暖地型草坪草（夏季草坪）	
适宜温度	15 ～ 20℃	20 ～ 25℃	
日本草		·野草 ·高丽草 ·姬高丽草	
西式草	·翦股颖草类 ·蓝草类 ·羊茅草类 ·黑麦草类	·巴米达草类（蒂夫顿草） ·圣奥古斯汀草	

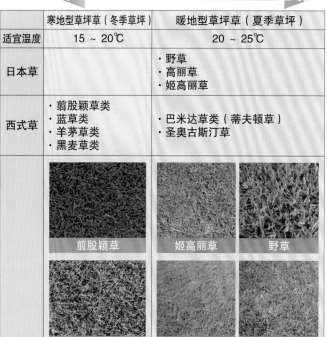

翦股颖草　　姬高丽草　　野草
蓝草　　蒂夫顿草　　高丽草

铺设草坪的方式

快速完成就选择交叉式
为了节约就选择间隔式

　　在铺设草坪的时候，我们一般选择两种方式。一种是没有任何间隔的交叉式，一种是带有 2~3cm 间隔的间隔式。

　　交叉式的草坪需要的草皮数量较多，自然看起来效果也更好，所以，可以铺设得更漂亮。

这是一捆草皮
（37.1cm × 30cm，9张，一捆为1.0017m²）

交叉式

　　而间隔式的铺设方式使用的草皮数量相对较少，一般借助绳索等就可以整齐地铺设了，只是铺设的时候需要一定的技巧。而且，有的杂草还会从草皮与草皮的间隔中生长出来。具体选择怎样的方式要根据大家的喜好，如果是面积较小的庭院，我们推荐交叉式的铺设方式。

　　不同的生产厂家或者地方会有不同面积大小的草皮。但一般来说，一捆草皮的面积是 1m²。我们要根据地域和气候的不同来选择草坪。在购买的时候，一定要选择新鲜的，根部已经具有一定长度的草坪。

间隔式

打造漂亮的草坪

1 整理土地

平整土地

在改良土壤的同时，将原本土壤里的杂草、碎石块、垃圾等清理出来，至少保证 5~10cm 深的疏松土壤。

疏松土壤的时候很容易出现中间部分比较低而周围比较高的情况，这样非常不利于排水。因此，我们需要考虑到浇灌的水或者雨水会向较低的部分流，从而合理地整理出有倾斜度的土地。

除去杂草，将土地整理平整。同时可以改良土壤的状况。

2 铺设草皮

用细线来保证草皮的整齐

可以参照土地周围的围栏、下水道井盖等来拉线，从而保证线条的整齐和垂直。然后再沿着这些线来铺设草皮。不管是采用草皮紧挨草皮的方式，还是草皮之间留有空隙的方式，都要保证草皮之间不要重合。

如果在土地的边角处遇到草皮的大小不合适的情况，可以使用园艺剪刀将草皮修剪好之后再铺设上去。

在拉线的时候，可以参考土地周围的围栏、下水道井盖等，然后再沿着这些线来铺设草皮。

当土地与草皮的大小不相符的时候，可以使用园艺剪刀修剪草皮大小。

3 填土压紧

均匀撒沙，轻踏压紧

在草皮上均匀地铺撒上用于填土的草地专用沙。特别是在草皮与草皮之间，可以倒一小堆沙，然后用小扫帚或者小钉耙将其铺展开来。如果在铺设草皮的时候选择的是草皮紧挨草皮的方式，那么撒沙就应该在全部草皮上进行。

这些沙在夏天的时候可以起到隔热的效果，而冬天又可以发挥保温的效果，所以，我们在铺撒的时候可以稍微多使用一些沙。不过要注意沙的量绝对不能将草皮完全盖住了。

将草皮铺设到土地上之后并不能保证草皮之间能够紧密地衔接在一起。用小钉耙或者铲子可以将沙进一步铺展开来，让它们填满草皮之间的缝隙，然后再轻轻地用脚踩将其压紧。人直接站到草皮上踩紧沙的方法很有效，这样还可以感受到沙的量是否足够，或者土地是否有凹凸不平的地方。

倾倒一小堆沙

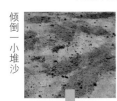 

站上去用脚轻踏

使用小钉耙等将沙铺展开来

4 浇水护养

大量浇水护养

最后就是浇水的环节了。要注意的是，在铺设好草皮的几天内是草皮开始长根的时间，所以土地一定不能干燥，浇水的时候要细致而轻柔。如果草皮表面的沙开始泛白了，那就提醒我们又该浇水了。

铺设好草皮大家都想立马上去走走看吧。可是，在草皮的根苗壮之前，需要让其安静地生长。

大量浇水之后，草皮和土壤就融为一体了。

步骤 4 用爱去培育草坪

剪草

草长到 5cm 就要修剪

草坪管理的重要一步就是剪草。一般草坪高度应该维持在 2~3cm。所以，当草生长到了 4~5cm 的时候就需要剪草了。

如果剪草的时候修剪过多，那么就可能只留下茎部，当然生长就不好了。

在剪草的时候，一定要注意测量的部分不是叶子的长度，而是茎部的高度。茎部在生长的过程中，叶子也会生长，所以测量起来有一定的难度。

一般使用剪草机修剪，然后使用剪刀或者推子等整理边角部分。

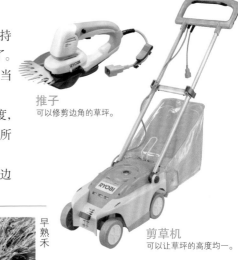

推子
可以修剪边角的草坪。

剪草机
可以让草坪的高度均一。

杂草与病虫害对策

见到就要清除

早熟禾、马唐草等许多杂草在草坪中的生长都很迅速，我们看到了之后就要立马徒手拔除，或者使用专门的工具连根拔除。

每年的 6~7 月是很容易发生病虫害的时节。这时候可以用市场上销售的杀虫剂来喷洒草坪，帮助其抵抗病虫害。

早熟禾

马唐草

草坪穿刺器
可以在草坪上打孔。

给草坪打孔，增加空气流通

浇水和施肥

早晚浇水

浇水的时间要选择在早上或者傍晚，特别是在夏季，白天浇水会因为水温较高可能导致草坪枯死。

此外，冬季还需要给草坪施肥，有专门针对草坪的肥料和化肥等。

氮、磷、钾的比例为 8：8：8，或者 10：10：10 比较合适。

草坪专用肥料

草坪肥料

化成肥料
氮、磷、钾搭配起来的肥料。

通风，就是为了增加草坪的排水性和透气性。使用草坪穿刺器在草坪上打出10cm深、直径在1~2cm的孔最合适，间距一般是15~20cm。

植物的根部如果透气不好就会影响到生长。不过，通风打孔在每年的春季进行一次即可。

草坪的12个月处理

	1月	2月	3月	4月	5月	6月	7月	8月	9月	10月	11月	12月
剪草 / 月				1~2次	2~3次		3~4次			2~3次	1~2次	
除草				夏季草坪生长旺盛，可能需要用到除草剂								
病虫害						毛虫、野螟、金龟子						
				腐叶病、枯死病等					腐叶病、枯死病等			
施肥				1~2 个月施肥一次，30~40g/m²								

种植树木

打造郁郁葱葱的庭院

在打造庭院的时候可以按照自己的喜好来种植树木，在树木下感受摇曳的光影，享受习习的微风。实际上，种植主要树木比我们预想的要轻松许多。下面为大家介绍种植具有代表性的山茱萸的方法。

木村博明
（KIMURA HIROAKI）

擅长打造具有日式风情的庭院，也是专业的庭院设计师。木村绿色庭院公司的董事。

1 除草

需要种植树木的地方首先要除草

　　首先要将地面上的杂草除去。如果杂草较少的话就直接人工拔除，如果较多的话可以撒除草剂。

拔除杂草！

放这里挺好！

2 试着摆放

试着摆放树木可以确定种植位置

　　在头脑中首先要有一个种植位置的概念和效果图，然后将树木摆放到庭院中，感受是否是自己想要的感觉。

　　重要的是要从不同的角度去观察树木。而且，树木在种植之后会比我们试着摆放的时候看到的高度要低一些，这一点不要忘记了。

　　如果树木不能够完全直立的话，那就可以使用花盆、石块等帮助其直立。

　　这次我们选择从庭院和建筑物（木甲板）观察树木，而山茱萸也选择了枝叶繁茂的。

3 测量范围

在挖坑之前首先要测量所需的范围

　　在确定好种植地点之后，我们要用铲子等将所需的挖坑范围标记出来。这个范围一定要比植物本身的根部大两三圈。

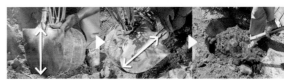

使用铲子来测量坑的直径和深度，垂直挖坑

坑应该比树木根部大两三圈，而深度要比直径更深10cm左右

4 挖坑

坑的大小要比植物根部大两三圈，比坑的直径深 10cm 左右

　　下面就是挖坑了。坑的大小应该是在"测量范围"就提到的，比植物的根部大两三圈。而深度一般来说，要比这个范围的直径深 10cm 左右。

　　用铲子可以测量挖坑的深度，确保深度一定要比坑的直径深 10cm 左右。而范围的大小也可以使用铲子测量出来。

　　垂直挖坑即可。如果只是挖出一个圆锥状的坑，那么植物的根部在里面将很难移动。所以，要挖出一个圆柱体的坑，只有这样，才可以方便调整树木的位置和朝向等。挖出来的土直接摆放在坑的旁边即可。

最后挖出来的应该是这样的一个圆柱体的坑

不能成为一个半圆柱或者圆锥柱的坑

缓释性肥料　腐烂树叶　蛭石

1　改良土壤

挖掘出来的土壤应该要混合蛭石、腐烂树叶、缓释性肥料等

下面是改良土壤的操作。挖掘出来的土壤，应该要混合大约 30% 的蛭石（改良土壤的人工合成土壤）、腐烂树叶（具有一定的热量，不要加入过多）和缓释性肥料。实际添加的时候应该将适量的肥料（比如这次就是用了拳头大小量的化肥）加入到土壤中，然后上下搅拌混合。

腐烂的树叶不可以直接铺到坑的底部，而应该与挖掘出来的土壤混合。这样，在将土壤覆盖回去的时候，才真正起到了改良的目的。

混合均匀

改良后的土壤

2　放入树木

将改良好的土壤填回 10cm 左右深，放入树木

在将树木放入到树坑之前，将改良好的土壤填回 10cm 左右，这就是之前深度比宽度多 10cm 的原因。如果根部过深的话，那氧气就不容易进入。而如果根部过浅的话，植物又容易倾倒。

缠绕在植物根部的麻绳、麻布等本身会腐烂，所以可以不用拆除。而如果是橡胶、塑料袋，那么一定要拆除之后再将植物放到树坑里。

覆盖一定土壤之后要检查树坑具体的深度。

3　决定树木正面

决定树木最美的一面（正面）

树木也有朝向，这个朝向（正面）应该要正对庭院的或者建筑物（木甲板），这样我们在远眺树木的时候才会看到它最美的一面。一般来说，树叶生长旺盛的部分就是树木的正面。

比较长或者比较粗壮的树枝，如果将其安排在反面的话，就可以展现出树形的平衡感。

4　填土

将土壤覆盖到树木的根部

下面是填土的过程，最好的是将土壤覆盖到树木的根部（比主干稍微低一点的位置）。这样在浇水之后也不会影响到树形，而且还可以继续填土。

从庭院眺望

从建筑物(木甲板)眺望

寻找最好的角度

为了不让水流出来，可以在树木根部周围围一圈土

从沟槽的旁边开始浇水。

摇晃树木的根部，确保水分进入到空隙里。

1 浇水

浇水的时候要浇在沟槽和缝隙里

　　第一次浇水比较特殊。如果我们直接把水浇到树木的根部，那么就可能让本来一团的根部直接松散掉。所以，我们需要将水浇灌在沟槽里和缝隙里，这样可以保证树木的根部与土壤完全地结合在一起。

　　浇水之后，我们需要左右摇晃树木的根部，确保水分进入到了所有的缝隙里。根部与土壤之间有一个空气层，会阻碍植物的生长。而水分子非常细密，可以渗透到所有的缝隙里，这样就防止了根部与土壤之间出现空气层。

2 垂直树木

倾斜　　　　　　调整位置

垂直树木

从远方观察树木是否垂直

　　从远方观察树木，可看它是否已经直了。这是一个急不得的活儿。而且，树木的根部还有许多水分，所以要移动和调整也很轻松。

　　这次庭院的设计要求树木都要笔直，不过一些特别的设计里可能需要它们倾斜，具体要参考设计方案。

　　有的专业庭院设计师会让主要树木有些许的倾斜。例如在斜面上种植的时候，相反的倾斜角度可以让植物直起来，而有的树形又会很有特色。（在购买树木的时候可以选择比较特别的树形）

3 填土

将周围剩余的土壤填入到坑中

使用铲子轻轻地拍打土壤，使其更加牢实。

　　树木笔直了之后，可以将剩余的土壤填到坑里，然后在周围堆出一个类似堤坝的造型，让水分保持在其中。

　　如果土壤本身比较松散的话，我们可以用铲子轻轻地拍打让其牢实。

4 固土

在坑中继续浇水来固土

在坑中注满水。

　　在坑中继续浇水，水分会慢慢地渗透到土壤中，然后让土壤更加得紧实，从而让树木能够更加稳固。

　　大概每两三天就要浇水一次。如果土壤的透水性较好的话，很快就可以吸收完水分。所以，哪怕是沟中有些许积水也没有问题。可是，如果是黏性土壤，水分就不容易通透，可能会引起树木根部的腐烂。如果遇到这种情况，那就需要根据实际情况，分多次浇水。

1　剪枝

剪枝是为了让树木更好地生长

到了这一步就基本完成了，不过还需要剪枝。剪枝的方法一般是从树木枝桠的根部修剪，而不是从顶端修剪。

有的树枝是朝内生长的，那就容易与别的树枝缠绕在一起。而且，这样的树枝将来也是长不好的，与其说等着它们枯死，不如现在就修剪。而一些朝外生长的树枝也可以适当地修剪。

我们在种植树木的时候，树木的根部实际上是没有伸展开的。所以，通过减少枝桠和树叶的方法，可以让树木所需要的养分减少，那就减少了根部的压力。

如果树木是从树林中挖掘过来，那就需要修剪掉其中 1/3 以上的枝叶。不然，树木在种植了之后也无法健康成长。

另外，如果剪枝不合适，树木的新芽也不会生长。

或许大家在剪枝的时候，会觉得就这么剪掉枝叶实在是太可惜了。可是，如果将其留在树木上，反而会成为树木生长的负担。所以，让我们一起来剪枝，让树木保持良好的树形吧。

从枝桠的根部开始修剪

完成了！

之后
从庭院里看到的景色

之前

之后
从家里看到的景色

2　立支架

支架保持树木的稳固

树木一般不会倾倒或者折断，可是，如果在强风下，我们还是可能会遇到树木倾斜的情况。因此，在树木的周围立支架可以帮助它们抵御强风。

树木的枝桠都是向外生长的，所以，哪怕是在枝桠的中间给予支撑也不会影响到其生长。而我们一般使用的麻绳和杉树皮等也会自然地腐烂。

将支架以一定倾斜度立上去。

01

将支架固定到土壤中。

04

02

仔细地将树干用绳索等包起来，特别是靠近支架的部分，要用杉树皮来保护。

完成了！

03

用杉树皮和绳索将枝桠固定到支架上。

第六章
庭院树木与花草图鉴

本章为园艺爱好者们重点介绍93种植物。其中有树木，有色彩丰富的一年生植物，还有球根植物、多年生植物等，对它们的特征等都有具体介绍。让我们一起打造属于自己的个性魅力庭院吧！

※植物的名称按照不同的分类排列。
※花色的项目中，深蓝色用"蓝色"表示，而柔和的浅蓝色则用"浅蓝"表示。
※种植的时间根据你所居住地方的情况来进行调整。

庭院树木对庭院来说是不可或缺的，它们在春季发芽、开花，秋季叶子还可能变红。与普通的花草不同的是，树木类植物哪怕只有一棵也具有极强的存在感。在花期以外的时间，在微风中摇曳的枝叶也充满了迷人的色彩，可以让狭小的庭院熠熠生辉。选择合适的树木，可以装点整个庭院。

绣球花

虎耳草科　落叶树木　灌木　树高：1～2m

用途：景观树木
花期：6～7月
种植时期：12月至来年2月　修剪时间：7月

特征　绣球花是产自日本的品种，其下包括许多的改良品种，是庭院树木中不可或缺的品种之一。在普通植物还没有开花的时候，绣球花就已经开始绽放了，率先带来了季节的气息。而品种不同，其花形、色彩都不尽相同，可以用在西式的或者日式的庭院中。此外，其抵抗病虫害的能力很强，属于非常好培育的植物。

要点　绣球花喜欢朝阳的或者半阴凉的地方，但是，经受不起西晒。在开花结束之后就要修剪树枝，如果没有适时修剪，来年就不会开花，所以要引起注意。此外，绣球花不适合干燥的环境，为了保持湿润，一定要定时定量地浇水。夏天要在其根部覆盖一些腐烂树叶，作为养料。

大花六道木

金银花科　常绿树木　灌木　树高：1～2m

用途：屏障树木、覆地类树木
花期：5～10月
种植时期：3～5月、9～10月　修剪时间：9～10月

特征　从春季到秋季都可以观赏到大花六道木的白色花朵。它们在地面上的生长速度很快，生命力旺盛。此外，频繁地修剪树枝也不会影响到其生长，所以经常在公园里或者道路旁种植。其叶片有的会有白色与黄色的斑点，在花期以外的时间也有很高的观赏性，成为庭院的一个亮点。

要点　大花六道木的耐寒性和耐热性都很强，在日照和通风良好的地方生长旺盛，几乎不需要特别的照料。干枯了的树枝，或者过于靠近地面的树枝都应该尽早修剪，整理整棵植物的树形。夏季开花结束之后就需要修剪，这样秋季才会继续开花。

美国绣线菊

蔷薇科　落叶树木　灌木　树高：1.5～2m

用途：景观树木
花期：5～6月
种植时期：12月至来年2月　修剪时间：6～7月、12月至来年2月

特征　美国绣线菊在初夏会开出一簇簇的小白花，在花朵凋谢之后还会结出小小的红色果实。其叶片有的是金黄色的，有的是赤铜色的，而其中赤铜色叶片的美国绣线菊人气很高，称之为"迪亚波罗"。美国绣线菊可以直接在土壤中种植，也可以在花盆中种植。

要点　美国绣线菊喜好阳光充足且排水性良好的环境。开花不好的树枝，以及生长较弱的树枝都应该及时修剪掉，这样才会发出新芽。如果肥料过多的话，美国绣线菊的色彩就会发生变化，所以施肥不能过多。其耐热性和耐寒性都很强，而且基本不会出现病虫害。

野茉莉

野茉莉科　落叶树木　小型乔木　树高：2～3m

用途：主要树木、景观树木	花期：5～6月

种植时期：12月至来年2月	修剪时间：12月至来年2月

特征 野茉莉在初夏的时候会开出许多的星形小白花，而且花朵都会朝下开放，让整个庭院瞬间就明亮起来。在花朵凋谢之后，它会结出圆圆的白色果实。其树皮呈现出暗褐色，非常美丽。哪怕是在落叶之后，其树皮还会成为庭院亮点之一。而且野茉莉会蓬勃向上生长，种植在木甲板附近，在夏天就会为我们提供庇荫的场所。

要点 野茉莉喜好阳光充足或者半阴凉、排水性良好的环境，特别是有腐烂树叶的土壤。其不适合干燥的土壤，因此要避免阳光直射。野茉莉的树形一般保持自然即可，而不需要的枝桠要从枝桠的根部剪掉。

橄榄树

桂花科　常绿树木　乔木　树高：2～5m

用途：主要树木、景观树木	花期：5～6月

种植时期：3～5月、9～10月	修剪时间：8～9月、2～3月

特征 橄榄树非常适合西式风格的庭院，其叶片是银色的，甚是美丽。有的橄榄树会垂直向上生长，有的则会横向生长。根据种植的环境可以选择不同的品种。而且，橄榄树还会结出橄榄。不过，一棵橄榄树是无法授粉的，因此，需要种植品种不同的，开花期接近的两棵以上的橄榄树。

要点 橄榄树喜好阳光充足且排水性良好的环境。其抵抗寒冷的能力较强，不过，仍然不要种植在直接经受北风的位置。由于其不适合湿气较重的环境，因此，生长繁茂的枝桠需要定期修剪来增加通风。橄榄树可能会招惹病虫，发现了就要尽快去除。

紫薇（别名：桃金娘）

桃金娘科　常绿树木　乔木　树高：0.5～3m

用途：景观树木、屏障树木、花盆种植	花期：6～7月

种植时期：4～6月、9～10月	修剪时间：6～7月

特征 紫薇的叶子很小但是很紧密，其长长的雄蕊散发出芬芳，而白色的小花在初夏就盛开了。花朵凋谢之后会结出果实，到了秋季变黑成熟。有的品种的叶子上有斑点。紫薇花的叶子也是厨房的香料之一，在欧美国家也常常用作花束的衬托，是美好的象征。

要点 紫薇喜好阳光充足和排水性良好的环境。其抵抗寒冷的能力较弱，所以要避开北风直吹。由于其不适合潮湿的环境，因此枝桠过于密集或者过长的都要修剪掉。不过，在枝桠的前端会开花，所以要在开花之后再修剪。

光蜡树

桂花科	常绿树木	乔木	树高：2～5m
用途：主要树木		花期：5～6月	
种植时期：3～5月、9～10月		修剪时间：3月	

特征 光蜡树的叶片具有极强的特征，在初夏会开出散发着清香的小白花。花朵凋谢之后会长出狭长的果实。光蜡树的树形非常优美，很适合作为主要树木来种植。而且，它还可以与其他树木搭配。

要点 光蜡树属于温带树木，喜好阳光充足的地方，所以最好不要受到北风的直吹。其生命力旺盛，适时地修剪过长的枝桠可以保持树形的美观度。其萌芽率较高，所以修剪掉比较长的树枝也没有问题。

绣线菊

蔷薇科	落叶树木	灌木	树高：0.6～1m
用途：景观树木、根部树木、覆地类树木		花期：5～8月	
种植时期：12月至来年2月		修剪时间：8～9月、12月至来年2月	

特征 绣线菊在初夏的时候会在枝头开出粉红色的小花，呈现出明亮的空间感。其品种较多，叶片色彩也很丰富，从绿色到黄色，新芽甚至会呈现出橘黄色，在花期以外的时间里也可以欣赏到它卓越的风姿。作为庭院的点睛之笔或者花坛的植物非常适合。其树形不会过大，处理起来非常简单。

要点 绣线菊喜好阳光充足、通风良好的环境。花朵凋谢摘除之后就会继续开花。为了防止枝叶的过分生长，我们需要在靠近枝桠根部的地方进行修剪。一般来说，其树枝一年修剪一次就足够了。如果通风或者日照情况不佳的话，绣线菊就可能会引发病虫害，要引起注意。

加拿大唐棣（别名：美洲唐棣）

蔷薇科	落叶树木	小型乔木	树高：6～9m
用途：主要树木、景观树木		花期：4～5月	
种植时期：12月至来年2月		修剪时间：12月至来年2月	

特征 加拿大唐棣到了春天就会开出白色的花朵，花朵凋谢之后会结出红色的小果实，而秋季叶片还会变红。它的果实可以用来做成果酱，而且结果的时候，整棵树都是红色的。加拿大唐棣的观赏价值很高,适合作为主要树木种植。而且，它非常容易吸引鸟类前来栖息，因此而特别有人气。

要点 加拿大唐棣喜好充足的阳光和排水性良好的土壤。其喜好肥沃的土壤，所以在种植的时候要在土壤中添加腐烂树叶等。主干中发出的一些旁支、过长的枝桠都可以修剪掉。其耐暑性和耐寒性都较强，抵御病虫害的能力也很强，所以不需要农药也可以栽培。

银霜女贞

桂花科　常绿树木　灌木　树高：1～2m

用途：景观树木、屏障树木等	花期：5～6月
种植时期：3～5月、9～10月	修剪时间：5～10月

特征 银霜女贞的树叶上有美丽的斑点，一年四季都会呈现出丰富的色彩，深受人们的喜爱。其树形不会过大，照料起来很方便，初夏会开出带有芬芳的白色小花，呈现出麦穗一样的造型，到了秋季会结出黑色的果实。其树枝耐修剪的能力很强，比较适合作为屏障树木等。

要点 银霜女贞喜好充足的阳光和排水性良好的肥沃土壤。其树枝伸张较长的情况下就需要修剪，带有斑点的绿叶如果生长不好也要从叶片的根部修剪掉。夏季，银霜女贞容易出现干枯的情况，所以可以用芦苇等覆盖在根部来保湿。

烟树

漆树科　落叶树木　乔木　树高：2～5m

用途：主要树木、景观树木	花期：5～7月
种植时期：12月至来年2月	修剪时间：12月至来年2月

特征 烟树在春天会开花，不过并没有特别之处。可是，在花朵凋谢之后，它会长出粉色或者酒红色的果实，看起来非常可爱。圆圆的树叶有亮绿色、赤铜色等颜色，树叶本身就是很好的观赏点了。到了秋季，叶片还会变红，具有很高的观赏价值。

要点 烟树喜好阳光充足且排水性良好的环境，一般的土质都可以很好地生长。其过长的枝桠和一些细小的枝桠需要从枝桠的根部修剪掉。如果枝桠过于茂盛也需要修剪，保证树叶都可以受到阳光的照射。其抵抗病虫害的能力很强，生命力旺盛。

四照花

山茱萸科　落叶树木　乔木　树高：2～4m

用途：主要树木、景观树木	花期：4～5月
种植时期：12月至来年2月	修剪时间：12月至来年2月

特征 四照花作为主要树木的人气很高，其开花的部分具有花苞造型一样的树叶。花苞向上生长，到了秋季叶片会变红，并长出红色的果实。四照花的品种很多，有的花苞呈现红色或白色，有的叶片会有斑点。

要点 四照花喜好阳光充足且排水性良好的环境，一般的土质都可以很好地生长。其枝叶茂盛的部分，或者枝桠过长的部分都需要修剪。新长出来的树枝上会开花，所以，如果不修剪，会影响开花。四照花容易感染上美国白蛾和白粉病，需要引起注意。

花桃

薔薇科　落叶树木　乔木　树高：2 ~ 5m

用途：主要树木、景观树木	花期：3 ~ 4月
种植时期：12月至来年2月	修剪时间：3月

特征 花桃是一种早春时节开花的植物，其生长出来的桃子是可以食用的，且花色优美，所以命名为花桃。花桃的品种众多，一般是开白色和红色两类花朵。有淡白色、粉红色等各种细微的差别，枝干有的也会下垂。如果将不同花色和造型的花桃种植在一起，那庭院就更加华美了。

要点 花桃喜好阳光充足且排水性良好的环境，并且适合在土壤中混合一些腐烂树叶。花朵凋谢之后，可以将花朵以及过长的枝桠全部修剪掉。从主干中发出来的一些旁枝也可以修剪掉。要注意蚜虫、甲壳虫等病虫害。

荚蒾

金银花科　落叶树木或者常绿树木　灌木　树高：1 ~ 2m

用途：景观树木	花期：4 ~ 6月
种植时期：12月至来年2月	修剪时间：4 ~ 5月

特征 荚蒾会从枝干的顶端开出白色的小花，其品种众多，有的从秋季到冬季都会结出红色的或者蓝色的果实。而荚蒾又分为常绿植物和落叶植物两种，下面的分类又有许多。一般可以在比较大的花盆中种植。

要点 荚蒾喜好阳光充足的地方和排水性良好且肥沃的土壤。落叶种类的荚蒾抗寒能力较强，比较容易培育。花朵凋谢之后，需要将一些老枝和过于繁茂的枝桠、不需要的枝桠等修剪掉。注意可能会招惹蚜虫、铁炮虫等。

金丝桃

金丝桃科　落叶树木　灌木　树高：0.8 ~ 1.5m

用途：景观树木	花期：4 ~ 6月
种植时期：12月至来年2月	修剪时间：2 ~ 3月

特征 金丝桃花期很长，亮黄色的花朵引人注目，较长的雄蕊具有很强的特征。其结红色果实的品种又称为"安德罗萨姆"金丝桃。金丝桃的叶色明亮，有的叶片中还有斑点。管理起来很轻松，非常适合在庭院中种植。

要点 金丝桃喜好朝阳或者半阴凉，且排水性良好的环境。要避免夏日的阳光直射，不然可能会出现烧叶的现象。金丝桃不加管理也会开花，但是想要保持其树形就要定期修剪枝条。注意可能会招惹蚜虫等病虫害。

蓝莓

杜鹃科　落叶树木　灌木　树高：1～2.5m

用途：主要树木、景观树木、果实树木	花期：4月

种植时期：12月至来年2月　修剪时间：12月至来年2月

特征 蓝莓的果实非常美味，而且花朵和红色的叶片也充满了魅力，很适合在庭院中作为主要树木来种植。其大体上可以分为两大类，不过其品种众多，而且性质也差异较大。一般来说，蓝莓可以在花盆中种植，生长旺盛，不太需要特别照料。

要点 蓝莓喜好阳光充足和通风良好的环境。由于其喜好酸性土壤，所以，可以在土壤中混合泥炭藓。如果将不同种类的两棵以上的蓝莓种植在一起，有利于其结果。不需要的树枝和过长的树枝都要在冬季修剪掉。

山茱萸

山茱萸科　落叶树木　乔木　树高：2～4m

用途：主要树木、景观树木　花期：5～6月

种植时期：12月至来年2月　修剪时间：12月至来年2月

特征 山茱萸属于山茱萸科的植物，其花朵仍然会呈现出花苞一样的状态。有的品种的叶片会是红色或者带有斑点，极具观赏价值。其叶片到了秋季会变成红色，而变成红色的果实也可以食用。其树形垂直生长，在狭窄的地方也可以种植。

要点 山茱萸喜好阳光充足且排水良好的环境。较长的树枝上不太会开花，所以需要修剪。但要注意不要将所有的树枝都修剪到一个长度。为了保证其树形的美观，我们需要将旁枝等修剪掉。山茱萸一般不会出现病虫害。

喷雪花

蔷薇科　落叶树木　灌木　树高：2～5m

用途：景观树木、屏障树木　花期：2～3月

种植时期：12月至来年2月　修剪时间：3～4月

特征 喷雪花会开出带有芬芳的白色小花，树枝会向下低垂，呈现出弓形，有的品种的花朵比较大，有的品种的花瓣周围还有一圈绿色。一般来说，其叶片到了秋季都会变成黄色，这属于日本原产的植物之一，培育起来非常容易。

要点 喷雪花喜好阳光充足且排水良好、通风良好的环境。其树形的保持很简单，只要定期修剪树枝，在花朵凋谢之后修剪即可。由于喷雪花不适应潮湿的环境，所以在过于繁茂的情况下可能会招惹甲壳虫，患上白粉病等。所以，不需要的树枝一定要定期修剪掉。

针叶植物的树形和叶色都很美，可以与许多的花草进行搭配。其可以成为主角，也可以起到陪衬的作用。修剪起来很方便，一年四季都可以展现其魅力。针叶植物的生长速度和树木高度的差别较大，可以根据具体的环境选择不同的品种种植。

亚利桑那柏树（冰蓝）

柏树科	常绿乔木	针叶树木	树高：1 ~ 5m

用途：主要树木、景观树木

种植时期：10 ~ 12月、3月、6月

修剪时间：2月、7月、9月

特征 亚利桑那柏树树叶上带有白色涂层一般的色彩，娇嫩的新芽很美丽，到了冬季仍然保持原色，作为庭院的主要树木种植非常合适。其枝叶生长旺盛，耐寒性较强，需要定期修剪。叶片有沁人的芬芳，具有独特的魅力。

要点 亚利桑那柏树喜好阳光充足且排水良好的环境。在风雨中，其树叶白色的成分会消失，所以最好不要在强风的环境中种植。当树木长大了之后，可以修剪成圆锥状。为此在树形较小的时候就要修剪掉尖端的枝叶，助其分芽。

日本花柏（日本柏树）

柏树科	常绿乔木	针叶树木	树高：10m左右

用途：主要树木、覆地类树木

种植时期：11月、3月

修剪时间：2月、7月、9月

特征 日本花柏的叶片非常美，有的时候带有金黄色。细长的树枝垂下来，一年四季都会展现出金黄色色彩，到了冬季会偏向橘黄色。其树形可以呈现圆锥状，很适于作为主要树木种植。此外，与赤铜色等不同色彩的树木搭配非常合适。

要点 日本花柏喜好向阳或者半阴的地方，特别是排水性良好且肥沃的土壤。其叶片比较密集，所以要注意通风。如果内侧的枝叶较低，也可以作为覆地类植物来种植。在树还比较小的时候就要开始修剪树枝，有的时候还需要摘芽。

日本花柏（日本柏树 小型）

柏树科	常绿乔木	针叶树木	树高：2m左右

用途：覆地类树木

种植时期：11月、3月

修剪时间：2月、7月、9月

特征 这一款小型的日本花柏是从普通的日本花柏中培育而来的，其叶色仍然是金黄色的，会像丝线一样下垂。树形比较圆润，可以作为覆地类植物或者屏障植物种植，相对于普通的日本花柏来说，它的生长速度较慢。

要点 小型日本花柏喜好朝阳或半阴的环境，在通风良好且排水性好、肥沃的土壤中生长较快。其叶片密集，内部通风不太好，要引起注意。一般来说，树形不会向上生长，所以可以作为覆地类植物来培育。根据具体的情况还可以调整其树形。

新高桧（柏）

柏树科　常绿灌木　针叶树木　　树高：60～80cm

用途：覆地类植物

种植时期：10～12月、3月、6月　修剪时间：2月、7月、9月

特征 新高桧的树枝会横向生长，比较容易重叠在一起，适合作为覆地类植物。从春季到秋季都是暗青色的，在寒冷的冬季会变成茶褐色。作为覆地类植物的情况较多，叶色明亮，不会给人太沉重的感觉，适合各种氛围的庭院。

要点 新高桧喜好朝阳或者半阴地，喜排水性良好的土壤，以及通风较好的环境。如果有干枯的叶子，需要从枝叶的根部剪掉。其耐热能力较差，所以夏天的时候可以在其根部覆盖腐烂的树叶，或者为其遮光。

翠柏

柏树科　常绿灌木　针叶树木　　树高：30～50cm

用途：覆地类植物

种植时期：10～12月、3月、6月　修剪时间：2月、7月、9月

特征 翠柏的树木一般不会太高，顶多到1m左右，属于低矮的灌木。其树形呈半球状，在比较狭窄的庭院中也可以种植。叶片是暗绿色的，在寒冷的冬天会呈紫色。其生长缓慢，一年生长不到10cm，可以在许多庭院种植，具有很高的人气。

要点 翠柏喜好阳光充足和排水性良好的环境。其叶片比较紧密，容易出现通风不良的情况，因此种植的时候不要太紧密。其树形比较自然，不太需要特别照料，如果看到干枯的枝桠就要立刻剪掉。

蒙特利柏树（金柏）

柏树科　常绿乔木　针叶树木　　树高：10m左右

用途：主要树木、景观树木

种植时期：11月、3月　修剪时间：2月、7月、9月

特征 金柏叶片是黄绿色的或者金黄色的，非常明亮，还会散发出清香。它是一种用途很广的针叶树木，树形一般呈圆锥状，并且比较大，在圣诞节的时候也常常用来装饰。如果将金柏密集地种植在一起，那就会呈现出栅栏一般的特色景象。

要点 金柏生长迅速，但其根部长得却不太好，容易出现倾倒的情况。因此，我们需要控制其生长高度。在通风较差的地方其生长缓慢，也容易诱发病虫害，要特别引起注意。可以在比较大型的花盆中种植，浇水的时候要注意用量。

覆地类植物可以攀附在地面上生长，生长速度较快，培育起来也很简单。它在日照较差的地方，或者比较干燥的地方，都可以很好地生长，在庭院中常用到，也可以成为庭院的点睛之笔。有了覆地类植物的衬托，庭院的风格就更加接近大自然了。

常春藤

五加科	藤蔓植物	高度：0.3m左右
用途：斜面、墙壁、覆地类植物		
种植时期：4～9月		
修剪时间：3月、6月		

特征 常春藤的叶片颜色和形状的种类很多，根据不同场合选择合适的品种即可。有的叶片带有白色或者黄色的斑点，给人明亮的感觉，很有人气；有的品种到了冬季叶片会变红，一年四季都有不同的色彩。其生命力旺盛，生长速度快，给予庭院蓬勃的活力。

要点 常春藤喜好阳光充足的环境，在阴凉处也可以生长。夏季，带有斑点的叶子在阳光直射下可能会出现烧叶的情况。其枝叶茂密，如果通风不好就可能会招惹甲壳虫等，所以要定期修剪枝叶，加强通风。当枝叶太过于繁密的时候，或者出现了病变的时候需要修剪，其他时候并不需要特别照料。

筋骨草

紫苏科	多年生植物	高度：10～15cm
用途：覆地类植物		
花期：4～5月	花色：紫色、粉红色、白色	
种植时期：4～9月	修剪时间：花朵凋谢之后	

特征 筋骨草是具有代表性的覆地类植物的一种。其带有斑点或者赤铜色的品种很有人气，在花期以外的时间也可以欣赏其叶片的美丽。开花的时候，花朵会直立生长。由于其一般是横向生长，高度不会太高，所以在普通的树木下方种植也很不错。

要点 筋骨草喜好半阴凉的环境，其抵抗干燥的能力较差，所以需要在湿度相对较高的地方种植。在开花之后需要从根部将花茎切除。如果枝叶相互重叠在一起就影响到了通风，所以春季或者秋季都可以进行分株。新芽容易招惹蚜虫，要多加注意。

羊角芹

伞形科	多年生植物	高度：20～40cm
用途：花坛植物、覆地类植物		
花期：6～8月	花色：白色	
种植时期：4～6月	修剪时间：花朵凋谢之后	

特征 羊角芹的色彩非常绚烂，而且叶子上还有斑点，特别适合在花盆中种植。其绿色的叶片也很有特色，在初夏的时候会长出花茎，开出伞状的白色花朵。在半阴凉的环境下也可以种植，可以让庭院看起来更加明亮。

要点 羊角芹的耐热性比较弱，所以在平地上种植的时候最好选择半阴凉的地方。在树木下方，或者早上朝阳的位置也可以生长。其通过地下茎分株就可以繁殖，一般几年分株一次即可。新芽容易招惹蚜虫，要引起注意。

活血丹（别名：连线草）

紫苏科　多年生植物　高度：5 ~ 20cm

用途：覆地类植物、花坛植物、悬挂	花期：4 ~ 5月	花色：淡紫色
种植时期：4月、9月	修剪时间：4 ~ 10月	

特征 活血丹的叶片是圆形的，并且是淡绿色的，上面还有不规则的斑点。地面上攀附生长，春季会开出淡紫色的小花。其耐寒性较强，冬季叶片也不会凋零。它是藤蔓类植物，所以也常常将其悬挂起来种植。

要点 活血丹在朝阳或半阴凉的环境下都可以生长。其不适合湿润的环境，因此需要排水性好、通风好的环境。当植株过于繁密的时候就需要修剪，防止因为通风不良而造成的疾病。在叶片减少了之后需要修剪尖端的枝叶来分芽。一般不会有病虫害发生。

百里香

紫苏科　多年生植物　高度：10 ~ 30cm

用途：覆地类植物、岩石庭院等	花期：4 ~ 6月	花色：粉红色、白色、紫色等
种植时期：4月、9月	修剪时间：6 ~ 12月	

特征 百里香一般枝叶茂密，叶片比较小，有诱人的芬芳。其品种很多，有的叶片中有斑点，有的叶片很细长，香气也不大相同。初夏时分，其茎秆上会开出粉红色、白色或紫色的小花。花朵会覆盖整棵植物。在料理和茶中经常使用到。

要点 百里香喜好微微干燥的环境，因此需要在日照良好、通风较好和排水性较好的地方种植。当植株过于繁密的时候，可能会因为湿气过重而导致叶片的枯死。所以，在花朵凋谢之后要修剪掉整体1/3左右的枝叶。在冬天之前修剪枝叶，可以让其在来年春天发出更美的新芽。

玉龙草

百合科　多年生植物　高度：5 ~ 20cm

用途：覆地类植物	花期：7月	花色：白色
种植时期：4 ~ 5月、9 ~ 10月	修剪时间：叶子长到一定长度时	

特征 玉龙草在背阴的地方生长得很好，是一种不可多得的覆地类植物。其高度较低，耐寒和耐热的能力很强，照料起来很容易。夏季会开出不太显眼的花朵，冬季则会呈现出蓝色一般的光泽，并结出果实。有的品种的叶片带有斑点、黑块等，小型品种也很有人气。

要点 玉龙草从半阴凉的地方到阴凉的地方都可以生长。其根深具有很强的韧度，但是过于干燥的话就可能枯死。其生长并不快，冬季也可以保持常青。过长的叶子到了一定程度就要修剪，但是一般不怎么耗费时间，并且一般不会有病虫害。

蔓长春花

夹竹桃科　多年生植物　高度：30cm ~

用途：覆地类植物	花期：4 ~ 6月	花色：白色、淡紫色、深紫色

种植时期：3 ~ 4月、9 ~ 10月

特征 蔓长春花的叶片具有光泽，而且一般是椭圆形的，春天里，花茎会向上生长开出许多花朵。有的品种的蔓长春花其叶片带有白色或者黄色的斑点，在庭院里非常醒目。其近亲的品种也比较多，不过叶片和花朵都比长春花要娇小。此外，蔓长春花还具有一些藤蔓类植物的特征，在花坛边缘种植非常适合。

要点 蔓长春花喜好朝阳或者半阴凉的，排水性良好的环境，耐寒性较强，不过在寒风中还是容易受伤。枝叶过长时就需要修剪，如果过于繁茂可能会招惹蚜虫等，所以要保证枝叶之间有足够的空隙。

黄金络石

夹竹桃科　藤蔓类植物　高度：10 ~ 30cm

用途：覆地类植物	花期：4 ~ 6月（开花的时候较少）

种植时期：4 ~ 6月、9 ~ 10月

特征 黄金络石在春季生长旺盛，会长出白色的新芽，在阳光的照射下展现出粉红色的光泽，远看就像是一簇簇的花朵一般。进入生长期之后，叶片上会出现绿色与紫色的斑点，具有非常特别的魅力。而斑点越来越多之后，其叶片会变成墨绿色，在寒冷的环境中又会变为红色。

要点 黄金络石喜好朝阳或者半阴凉，且排水性良好的环境，在背阴的环境中也可以生长。叶片中会有白色斑点，不过在背阴环境下其叶色不发生任何变化。在寒风中或者夏日的阳光直射下，黄金络石都可能会出现枯萎的现象。其生长迅速，过长的枝叶要立刻修剪掉，调整植株的造型。

矾根

虎耳草科　多年生植物　高度：20 ~ 60cm

用途：覆地类植物、花坛植物	花期：5 ~ 6月	花色：红色、白色

种植时期：4 ~ 6月、9 ~ 10月

特征 矾根赤铜色或黄色的叶片甚是美丽，品种也很多。不同的品种有不同的叶子造型，叶片的边缘一般并不圆滑。初夏，花茎会伸长，开出簇簇小花。其叶色不同，可以通过组合不同品种来营造出不同的氛围。不管是在温暖的环境中还是在冬季的寒冷中，矾根的叶子都不会枯萎。

要点 矾根喜好朝阳或者半阴凉的环境，但在夏日的西晒或者潮湿的环境中生长不好，所以需要保证通风和排水的良好。在花朵凋谢之后，需要将花茎和枯萎的叶子修剪掉。当植株长大后，就可以在春季或者秋季进行分株。要注意防治蛞蝓。

头花蓼

水蓼科　多年生植物　高度：10cm

用途：覆地类植物、花坛植物	花期：7 ~ 11月	花色：粉红色

种植时期：4 ~ 6月、9 ~ 10月

特征 头花蓼的叶片会展开，横向生长，所以可以在比较广的面积上种植。初夏到晚秋，它的枝头上都会开出粉红色的小花。种子在落地之后又会生根发芽。秋季叶片会变成红色，如果所处环境不太冷，冬季叶片也不会枯萎。

要点 头花蓼喜好朝阳或者半阴凉的生长环境，其耐热、耐寒、抗干燥的能力都较强。在茎秆过长的时候就需要进行修剪，调整整体的造型。夏季里可能不太会开花，但是天气凉爽了之后就开始开花了。不太需要特别的照料，也不怎么会招惹病虫害。

临时救

樱草科　多年生植物　高度：10cm

用途：覆地类植物、花坛植物	花期：5 ~ 7月	花色：黄色

种植时期：4 ~ 6月

特征 临时救有明亮的绿色小叶子，就像覆盖在地面上一样。初夏时节会开出黄色花朵，点亮整个庭院。其中，叶片颜色为黄色，有很高的人气。其生命力旺盛，长势惊人，一般不会太高，所以可以当做多年生植物来培育。

要点 临时救喜好朝阳或者半阴凉，且排水性良好的环境。在朝阳的地方，开花更美，但是在强光直射下可能会枯萎。其植株重叠在一起可能会引起通风不良，所以需要适时、适当地修剪枝叶。一般不会有病虫害。

甜舌草（别名：凤尾蕨）

马鞭草科　多年生植物　高度：5 ~ 10cm

用途：覆地类植物、岩石花园等	花期：5 ~ 11月	花色：淡粉红色

种植时期：4 ~ 6月、9 ~ 10月

特征 甜舌草的花朵是粉红色的，一簇一簇，不高却呈现出地毯一般的感觉。其生命力旺盛，1m^{2}的地上可以种植6棵左右。有了甜舌草，杂草就不太生长了。在倾斜的地面上种植也非常适合。

要点 甜舌草喜好阳光充足、排水通风良好的环境。由于其喜好比较干燥的环境，因此互相之间要隔开一定距离，保证有良好的通风。冬季其地表部分会干枯，但是根部会存留下来。其耐热性很强，不太需要特别照顾，也不太招惹病虫害。

球根植物

Bulbs

球根植物的花朵往往色彩明艳而娇美，是花坛中不可或缺的重要组成元素之一。早春时节，球根植物就率先开花了。根据球根植物分为春季种植的球根和秋季种植的球根，开花期很长，品类繁多。其培育起来很方便，哪怕是园艺初学者也可以轻松上手。

鸢尾花

鸢尾科　秋季种植

高度：10 ~ 60cm	花色：蓝色、黄色、白色
花期：4 ~ 6月	
种植时期：10 ~ 11月	

特征 鸢尾草叶片细长，花茎优美，品种众多，比较有代表性的就是荷兰鸢尾草。其中，高度是15~20cm，名为"莱迪奇莱特"的品种适合在温度较低的地方种植。鸢尾草花色丰富，如果混杂不同花色那就会带来别样的享受。

要点 鸢尾草喜好朝阳且排水性良好的环境。其不太适合紧密种植，在之前种植过鸢尾草的地方，最好不要连续种植。在种植之前可以先用石灰来中和土壤，间距在10cm左右为宜。其叶片枯萎了之后就要修剪掉，保证通风的顺畅。

花韭（别名：春星韭）

百合科　秋季种植

高度：10 ~ 20cm	花色：蓝色、白色
花期：3 ~ 4月	
种植时期：10 ~ 11月	

特征 花韭的叶片具有清香，且造型与韭菜很像，故名"花韭"。其花瓣比较尖，而且会开出星形的花朵。花韭的耐寒性较强，种植了之后就会蓬勃生长。其漂亮的造型很适合在花坛中种植。

要点 花韭喜好阳光充足且排水性良好的环境。在日照不太好的地方不会开花。种植的时候要保证5~10cm的间隔，三年左右都不用特别照料。其生命力顽强，一旦种下了就不太需要照料了。

酢浆草

酢浆草科　春季种植、秋季种植

高度：10 ~ 40cm	花色：黄色、白色、粉红色
花期：10 ~ 4月	
种植时期：4月、9月	

特征 酢浆草的品种丰富，花色也不尽相同，有一些品种的叶片上会有斑点，或者呈赤铜色。根据其原产地的不同，酢浆草又分成春季种植夏季开花，以及秋季种植冬季和春季开花这两种类型。其叶片、花朵在阳光下会绽放，可是在夜晚，或者天气比较差的日子里就不会开放了。

要点 酢浆草喜好阳光充足且排水性良好的环境，需要间隔一定距离种植。其对于土质的适应能力很强，只要是比较温暖的地方即可生长。酢浆草的繁殖力很强，在进入休眠期之后可以挖掘出来分球。春季盛开的品种在10月左右种植，而秋季盛开的品种在5月左右会进入休眠状态。

142

仙客来

樱草科　秋季种植

高度：10 ~ 20cm	花色：红色、白色、粉红色
花期：11月至来年3月	种植时期：11月至来年2月

特征 仙客来是冬季开花的代表性植物之一。植株一般比较娇小，生命力顽强，花期很长，花色鲜艳，在花期以外的时间也可以装点庭院。如果搭配色彩种植，例如在花盆中种植，会带来另一番华丽的景象。

要点 仙客来喜好阳光充足且通风良好的环境，在所有的仙客来品种中，庭院仙客来的抗寒能力较强，只要冬季里没有下霜，将其种在靠近南侧的位置就没有太大问题。花朵凋谢之后要摘除，每周使用一次左右液态肥料，可以延长其开花期。

红番花

鸢尾科　秋季种植

高度：5 ~ 10cm	花色：黄色、白色、紫色
花期：2 ~ 4月	种植时期：10 ~ 11月

特征 红番花在早春时间就会开花，花色明亮，就像是一根根的细叶一般。花朵一般不大，而且比较低矮，往往是一簇一簇的。它很适合在岩石花园中种植，与硬朗的风格十分符合。

要点 红番花喜好阳光充足且排水性良好的环境，种植的时候要互相间隔5cm左右。在种植之前可以在土壤中搅拌适量石灰，花期过后需要添加一些速效肥料，叶片枯萎之后要修剪掉。红番花的抗寒能力较强，一般2~3年都不太需要特别照料。

秋水仙

秋季种植

高度：20 ~ 30cm	花色：粉红色、白色
花期：9 ~ 11月	种植时期：8 ~ 9月

特征 秋水仙不需要特别的土质和水，甚至直接摆放在桌子上都可以开花。其花蕾长出来之后需要移植到阳光充足的地方，这样花色才会美丽。开花期过后，其叶片会生长出来。夏季，地面上的部分会干枯进入休眠状态。其中多重花瓣的"清水莉莉"是很适合园艺种植的品种。

要点 秋水仙喜好阳光充足且排水性良好的环境，一般种植到土壤以下20cm左右。在没有土壤的地方仍然可以开花。在开花之后需要将其种植到土壤中，并施加速效性肥料，这样球根才会继续生长，保证来年继续开花。秋水仙的抗寒能力较强，一般2~3年都不太需要特别照料。

水仙

石蒜科　秋季种植

高度：10 ~ 30cm	花色：黄色、白色
看看时间：1 ~ 4月	种植时期：10 ~ 11月

特征 水仙从早春开始就会开花，属于非常清秀的花种。在花朵中，其花瓣的特别造型也享有很高的人气。水仙的品种众多，有的花朵很大，有的花朵则紧密而娇小。同样的品种种植在一起，会展现出别样的风趣。

要点 水仙喜好阳光充足且排水性良好的环境。其耐热能力较差，所以夏日里最好在半阴凉的地方种植。在花期结束之后，需要将花茎切除掉，长势不佳或者干枯的叶片也要修剪掉。一般2~3年都不太需要特别照料。

雪片花（别名：铃兰水仙）

石蒜科　秋季种植

高度：30 ~ 40cm	花色：白色
花期：4月	种植时期：10月

特征 雪片花的花茎较长，花朵在盛开之后会朝下悬吊，所以命名为铃兰水仙。其花瓣的边缘有绿色的点缀，特别的娇嫩与清纯，生命力旺盛，培育起来也很简单。

要点 雪片花喜好阳光充足或者半阴凉的，且排水良好的环境。一般种植的时候需要间隔15cm左右，同一个地方种植过多，长势就会较弱。一般4~5年都不太需要特别照料，自然分球之后再分开即可。

大丽花

菊科　春季种植

高度：20 ~ 120cm	花色：红色、橘黄色、黄色、白色、粉红色
花期：5 ~ 10月	种植时期：4 ~ 5月

特征 大丽花的花朵直径在25cm以上，有的又比较娇小，开放的花朵特别的饱满，花形、花色众多。近年来出现了一种名为"帝王大丽花"的品种，可以长到2m高。其华丽的造型，从夏季到秋季都可以装点整个庭院。大丽花的开花期长，在花朵凋谢之后需要将其摘除。

要点 大丽花喜好阳光充足且排水性良好的环境。植株一般较高，所以垂直生长的视觉效果最好。大丽花的抗热能力比较差，在夏日里容易被晒伤。花期之后修剪枝条可以保证秋季再次开花。秋季以后，其地面上的部分会枯萎，需将其修剪掉等待来年重新发芽。

郁金香

百合科　秋季种植

高度：10 ~ 70cm	花色：红色、橘黄色、黄色、白色、粉红色、紫色
花期：3 ~ 5月	种植时期：10 ~ 12月

特征 郁金香是春季盛开的代表性球根植物之一，可以分为好几个品种，其开花期和花形差别很大，此外，根据其花瓣的多少又可以分为单层、多重、百合瓣等许多特殊的品种。春季，不同品种的郁金香会争相怒放，在选择好品种之后，就会看到长时间开放的郁金香了。

要点 郁金香喜好阳光充足且排水性良好的环境，大量种植的时候可以展现其最美的一面。一般大概20个球根种植到一个区域。在温暖环境中，其比较容易招惹病虫害，所以，最好每年重新种植一次。

风信子

百合科　秋季种植

高度：10 ~ 30cm	花色：红色、白色、粉红色、紫色
花期：3 ~ 4月	种植时期：10 ~ 11月

特征 风信子的花朵具有迷人的芬芳，只要种植几棵就可以让整个庭院充满香气。风信子花茎比较结实，具有许多的品种，且花朵带有华丽的光泽，这也是其魅力之一。比较大的球根可以开出更多的花朵，有的品种可以在水中生长。

要点 风信子喜好阳光充足且排水性良好的环境，种植的间距应该在15cm左右，可以在同一区域种植。当花朵凋谢之后需要将其地面枯萎的叶片修剪掉，保证球根的通风，并将其储藏起来。

葡萄风信子

百合科　秋季种植

高度：10 ~ 30cm	花色：蓝色、白色、粉红色、紫色
花期：4 ~ 5月	种植时期：10 ~ 11月

特征 葡萄风信子的浅蓝色小花是一簇一簇的，就好像是一串串的葡萄。可以将葡萄风信子与郁金香一同混合种植。有的品种，其花瓣的造型类似羽毛，有的品种还带有迷人的芬芳。

要点 葡萄风信子喜好阳光充足且排水性良好的环境，一般在各种土质都可以生长。种植的时候要间隔5cm左右，一般2~3年都不太需要特别照料。在花期结束之后要将花茎尽早切除，然后将整棵植株挖掘出来，一直储藏到秋季。

多年生植物在种植了之后的好多年都不需要重新种植，而且每年都会开出娇艳的花朵。它们有的充满了野趣，有的叶片娇媚，各有特色。而且，多年生植物每年植株都会变得更大，花朵也会更美。其种植的范围也很广，可以与周围的花草相映成趣。

百子莲（别名：紫色君子兰）

百合科	高度：50 ~ 150cm	
花期：5 ~ 7月	花色：白色、浅蓝色、紫色	
种植时期：3 ~ 5月、9 ~ 10月		
分株时间：10月		

特征 百子莲的叶片比较细长，从叶片中会长出一根比较粗壮的花茎，到了初夏就会开出许多像百合一样的具有放射状花瓣的花朵。它原产自南美洲，属于比较低矮的植物，后来培育出了可以长到1m以上的高大品种。

要点 百子莲耐寒性和抗旱性都比较强，在阳光充足或者半阴凉的地方都可以生长，对于土质没有特别的要求。其花茎在5月份开始生长，在花朵凋谢之后需要施加化肥。百子莲不适应过于潮湿的环境，所以在花盆里种植的时候，要注意浇水的频率。此外，它不需要特别的照料，十分省事。

欧蓍草（别名：洋蓍草）

菊科	高度：10 ~ 100cm	
花期：5 ~ 7月	花色：红色、黄色、白色、橘色、粉红色	
种植时期：3 ~ 5月、9 ~ 10月		
分株时间：10月		

特征 欧蓍草的叶片，造型独特，辨识度很高。花朵颜色丰富，有红色、黄色、白色、粉红色等各种颜色。此外，欧蓍草还具有止血、增强抵抗力等功能，属于具有药用价值的植物。其花色一般不会褪色，所以也可以用来制作成干花。

要点 欧蓍草的生命力旺盛，容易栽培，在半阴凉的环境中也可以生长。其种子成熟之后会四处散播进而生根发芽。欧蓍草的耐寒性和耐热性很强，喜好干燥的环境，适合在排水性良好且通风的环境中种植。种植的时候施加适量的缓释性肥料即可。

落新妇（别名：红升麻）

虎耳草科	高度：50 ~ 100cm	
花期：5 ~ 7月	花色：红色、淡紫色、白色、粉红色	
种植时期：3 ~ 5月、9 ~ 10月		
分株时间：3 ~ 5月、9 ~ 10月		

特征 落新妇从初夏到初秋都会开花，花朵细小娇嫩。虽然花朵较小，但是其聚集成一簇簇的，仍然会展现出较大的花卉效果。大量栽种的时候是最美的，花色有红、白、粉红等不同色彩。落新妇的叶片比较茂密，花朵凋谢之后还可以作为覆地类植物来欣赏。

要点 落新妇抵御病虫害的能力较强，具有很高耐热性和耐寒性，不管在怎样的环境中都可以生长。只是，其耐旱的能力较弱，要引起注意。其很适合在树木的根部等湿气较重，或者半阴凉的地方种植。此外，落新妇还比较喜好肥料。分株的时候，直接用手分开就可以了。

羽衣草（别名：斗篷草）

蔷薇科	高度：30 ～ 50cm	
花期：5 ～ 7月	花色：黄色	
种植时期：3 ～ 5月、9 ～ 10月	分株时间：3 ～ 5月、9 ～ 10月	

特征 羽衣草在初夏会盛开黄色的小花，长出柔软的绿叶。在细长形的花坛中种植的时候，可以将其安排在花坛的边缘。花朵造型优美，可以作为干花、插画艺术品。叶片生长茂密，也可以作为覆地类植物。

要点 羽衣草的耐寒性较强，抵御病虫害的能力也很强。在夏季高温或者西晒的地方生长不好，要注意通风，最好在阴凉的或者半阴凉的地方种植。此外，为了保证土壤的湿润，需要定期浇水。分株一般是在春季或者秋季，将比较长的根茎直接分开就好。

紫椎菊（别名：紫松果菊）

菊科	高度：80cm	
花期：7 ～ 9月	花色：红色、白色、紫色	
播种时间：3 ～ 5月、9 ～ 10月	种植时期：3 ～ 5月、9 ～ 10月	

特征 紫椎菊的拉丁名带有"精华"的意思。其坚硬的花茎大概可以长到10cm长，其花瓣会向下开放，而花蕊则会凸现出来，最后花蕊变为橙色保留下来。在民间多将紫椎菊作为药用植物，其具有治疗感冒、消除头痛的功效。

要点 紫椎菊的耐热性和耐寒性都较强，一般不会有病虫害。它在背光的地方或者排水性较差的土壤中生长不好，一般要在阳光充足且通风良好的地方种植。繁殖可以采用分株的方式，也可以通过播撒种子完成。

灯盏花（别名：地顶草）

菊科	高度：30 ～ 100cm	
花期：5 ～ 6月	花色：红色、黄色、白色、橙色、粉红色、紫色	
播种时间：3 ～ 5月、9 ～ 10月	种植时期：3 ～ 5月、9 ～ 10月	分株时间：3 ～ 5月、9 ～ 10月

特征 灯盏花的叶片比较细长，而花朵呈放射状且覆盖较广。在类似种类的花卉中，灯盏花的花朵比较大，颜色鲜艳，适合庭院种植。其品种丰富，有的品种可以长到1m以上，而有的品种则比较低矮。它可以作为悬挂类植物或者覆地类植物。

要点 灯盏花喜好阳光充足、排水性好的环境，其根系集中分布在10cm左右的表土层中，整地时应深翻20cm左右，而且要时常松土。

卡罗莱纳茉莉（别名：北美钩吻）

马蔸科	高度：500 ~ 700cm	
花期：4 ~ 5月	花色：黄色	
种植时期：3 ~ 4月、9 ~ 10月		

特征 卡罗莱纳茉莉是攀爬性的植物，初夏在枝头会盛开出黄色的花朵，散发出迷人的芬芳。其花形和香味因为很像茉莉花，所以命名为卡罗莱纳茉莉，但实际上，茉莉花是属于桂花科的，与它是完全不同的品种。利用其攀爬性，它可以种植到栅栏、木框上等。

要点 卡罗莱纳茉莉喜好阳光充足的环境，在半阴凉的地方也可以生长。在花朵凋谢之后，将过长的枝干修剪掉即可。在春季到夏季期间，其可以通过插枝的方式来繁殖。如果环境过于干燥，就会诱发红螨虫，需要施洒一些杀虫剂。

菟葵（别名：冬乌头）

锦葵科	高度：20 ~ 60cm		
花期：12 ~ 来年4月	花色：红色、紫红色、黄色、白色、粉红色、绿色、紫色		
播种时间：5 ~ 6月、10月	种植时期：3 ~ 5月、9 ~ 10月	分株时间：9 ~ 10月	

特征 菟葵品种也比较多，花茎会长出许多的花朵，开花的样子甚是可爱。花瓣有一层、多重等多种类型，花色有红紫色、白绿色、褐色或者带有斑点的色彩。在冬季里可以装点相对枯燥的庭院。

要点 菟葵的耐寒性很强，喜好半阴凉的生长环境。由于其不适合高温和干燥的环境，所以要注意选择合适的场所种植。夏季里可以使用茅草来覆盖，防止干燥和地面温度过高，傍晚时分需要浇水。

秋明菊（别名：吹牡丹、土牡丹）

锦葵科	高度：50 ~ 100cm		
花期：9 ~ 11月	花色：红色、白色、粉红色		
播种时间：3月	种植时期：3 ~ 5月	分株时间：3 ~ 5月	

特征 秋明菊最早是从古代中国传到日本的，其最早是用来泡茶的，而后发现其与西式庭院的风格也很搭。秋明菊可以长得很大，所以比较适合在地面上直接种植。其花瓣有白色、粉红色等，而且有的是一层，有的是多重。

要点 秋明菊的耐寒能力很强，从秋季到春季都喜好阳光充足的环境。只是，不太适合干燥的环境，所以，在夏季需要在半阴凉的地方种植。在地面上种植的时候，一般2~3天浇水一次即可。如果施加腐烂树叶肥料，可以提升土壤的保水性，这是种植秋明菊的一大要点。

萨维亚鼠尾草（别名：鼠尾草）

紫苏科　高度：30 ~ 200cm

花期：7 ~ 10月	花色：蓝色、红色、黄色、白色、粉红色、紫色	
播种时间：4 ~ 5月	种植时期：3 ~ 5月、9 ~ 10月	分株时间：3 ~ 5月、9 ~ 10月

特征 鼠尾草的品种有500~700种之多，其花色、花形、叶片颜色都不尽相同。在公园的花坛中比较常见的是红色的鼠尾草。鼠尾草是多年生植物，可是其抗寒能力较差难以越冬，所以常常作为一年生植物来培育。而有的鼠尾草可以散发出清香，作为草药来使用的情况比较多。

要点 萨维亚鼠尾草喜好阳光充足且排水良好的环境。在种植之前可以在土壤中混合一些腐烂树叶。修剪和分株都需要细心，这样才可以保证花朵的长势。如果环境过于干燥，就可能会招惹红蜘蛛虫等病虫害，所以要引起注意。

漏斗花

锦葵科　高度：20 ~ 80cm

花期：5月	花色：蓝色、红色、紫红色、黄色、白色、橙色、粉红色、紫色
播种时间：5 ~ 6月	种植时期：3 ~ 5月、9 ~ 10月

特征 在庭院中种植的，在园艺商店中销售的都是改良了的漏斗花品种，其鲜艳的色彩和具有个性的花形具有很高的人气。我们看到的花朵内侧的是花瓣，而外侧的是花萼。

要点 漏斗花的耐热性、耐寒性都很强，一般不会招惹病虫害。漏斗花在阴凉的排水性较差的地方生长不好，它需要在阳光充足且通风的环境。分株的时候比较困难，采用种子播种的方式最简单。

天竺葵（别名：洋绣球）

天竺葵科　高度：20 ~ 50cm

花期：5 ~ 6月	花色：红色、白色、橙色、粉红色、紫色
种植时期：3 ~ 5月、9 ~ 10月	

特征 天竺葵特别适合在窗边种植，或者将其悬挂起来种植。在欧洲可以看到许多天竺葵，多是改良之后的品种，其花朵一簇一簇的像个绣球，而叶片的造型和色彩也非常丰富。天竺葵很适合在地面上直接种植。

要点 天竺葵喜好阳光充足且排水性良好的环境，在地面上种植的时候要保证通风良好。冬季可能会冻伤，所以春季的时候要将长势不好的枝叶修剪掉，生长不好的根部也要修剪掉。通过插枝的方式，其可以很快繁殖。

蓝雏菊（别名：长命菊）

菊科　高度：20 ~ 40cm

花期：4 ~ 6月、9 ~ 10月　花色：蓝色、白色、粉红色

种植时期：3 ~ 5月、9 ~ 10月

特征 蓝雏菊的开花期很长，其蓝色的花瓣和黄色的花蕊形成了鲜明的对比，是庭院的点睛之笔。有的品种，其叶片中有白色的斑点，具有极高的人气。而有的品种的花色是白色或者粉红色的。

要点 蓝雏菊原产自南美洲，耐寒能力较弱，在冬季需要在室内朝阳的位置培育。它春季发芽，除了夏季以外会一直开花，所以需要仔细修剪并施肥。其根部生长迅速，所以每年都要换盆。

肺草

紫草科　高度：20 ~ 40cm

花期：3 ~ 5月　花色：蓝色、粉红色、浅蓝色

种植时期：3 ~ 5月、9 ~ 10月　分株时间：3 ~ 5月、9 ~ 10月

特征 肺草的花茎会开出许多小花，非常可爱。有的品种在开花的时候是粉红色的，之后会变成蓝色的，让人爱不释手。有的品种的叶片中有白色的斑点，常常还被作为草药使用。

要点 肺草喜好阳光充足的地方，或者半阴凉且土壤肥沃、排水性和透水性都较好的环境。如果在土壤中混合堆入、腐烂树叶、缓释性肥料就最好了。种植的时候要互相间隔一定距离。由于其不适应潮湿的环境，所以要注意排水、通风。花朵凋谢之后，需将整朵花修剪掉。

福禄考（别名：五色梅）

花葱科　高度：30 ~ 100cm

花期：5 ~ 9月　花色：蓝色、红色、白色、粉红色、紫色、多色

播种时间：9月　种植时期：3 ~ 5月、9 ~ 10月

特征 福禄考在初夏到夏末都会开花，其茎秆的顶端会开出许多小花。花色丰富，一般是红色的，但也有的品种花瓣的边缘是白色的，色彩变化丰富。其比较适合在地面上种植，可以作为覆地类植物。福禄考的花香非常的特别。

要点 福禄考喜好阳光充足且排水性良好的环境，不太需要特别的照料。要注意防治蚜虫、白粉病等，增强通风，必要时可散播驱虫剂。在花期结束之后，就可以开始修剪枝叶了。

钓钟柳（别名：草木象牙红、红色钓钟柳）

玄参科　高度：40 ~ 60cm

花期：6 ~ 9月　花色：蓝色、红色、白色、粉红色、紫色

播种时间：4 ~ 6月　种植时期：3 ~ 5月、9 ~ 10月　分株时间：10月

特征 钓钟柳的花茎很长，可以开出许多的花朵。其花朵的颜色和造型都很丰富，而且花朵非常有个性，适合用作插花等。在北美地区、东南亚地区和日本都有出产，特别是在北美地区，其有着无与伦比的人气。

要点 钓钟柳不适合在高温、高湿度的环境中生长，因此夏天的时候需要在通风良好且比较凉爽的地方种植。土壤表面干燥了之后就需要浇水，一定注意不能过于潮湿。开花期，我们需要适当地使用一些液体肥料，每个月使用2~3次就可以了。

粉叶玉簪

百合科　高度：20 ~ 50cm　花期：7 ~ 9月　花色：白色、浅紫色　播种时间：3月

种植时期：3 ~ 5月、9 ~ 10月

分株时间：3 ~ 5月、9 ~ 10月

特征 粉叶玉簪在山野里的湿地生长，作为背光处的覆地类植物有着很高的人气。其花茎的下端会长得像宝石一样。其多彩的叶子也觉有极强的特色，有的是银色的，而有的则是黄色的。粉叶玉簪原产自东亚地区，后来在欧洲地区也有比较广泛的种植。其在半阴凉的地方就可以种植，所以可以选择在高大的树木下方种植。

要点 粉叶玉簪的耐热性、耐寒性、耐旱性、耐湿性都非常强，如果想要观赏它娇美的花朵，那就需要给予一定程度的阳光照射了。

木茼蒿（别名：茼蒿菊）

菊科　高度：40 ~ 60cm

花期：3 ~ 6月　花色：黄色、白色、粉红色

种植时期：3 ~ 5月、9 ~ 10月

特征 木茼蒿是装点春夏庭院的可爱花朵。一般来说，花瓣只有一层，是白色的。不过也有黄色的或者粉红色的品种。而不同品种的花瓣也有所不同，比如多重花瓣的木茼蒿等。在成长之后，其茎秆会变得比较坚硬，所以也有人称之为木春菊。

要点 木茼蒿的耐热性和耐寒性都比较弱，喜好在阳光充足和排水性良好的地方种植，花盆如果比较大，那么木茼蒿也会长得更大。在5月或者11月上旬通过插枝的方式就可以繁殖。

绵毛水苏

（别名：棉毛紫苏、灰白紫苏、毛水苏）

紫苏科	高度：30 ~ 40cm	花期：5 ~ 7月	花色：紫红色
播种时间：3 ~ 4月、9月	种植时期：3 ~ 5月、9 ~ 10月		分株时间：3 ~ 5月、9 ~ 10月

特征 绵毛水苏的叶片上覆盖了一层灰白色的绒毛，借此命名了绵毛水苏。在初夏时节，其花穗上会开出紫红色的小小的花朵。花朵凋谢之后，其银白色的叶片会一年四季保持长青。不管是与哪种植物一同种植都很协调，可以让花园的氛围更加的柔美。

要点 绵毛水苏不适合在高温或者湿度较高的地方种植，其适合排水性良好、营养丰富的土壤环境中生长，在梅雨时节或者夏季多雨的情况下要多加注意。

金鱼草（别名：多年生金鱼草）

玄参科	高度：60 ~ 100cm
花期：5 ~ 6月	花色：黄色、白色、粉红色、紫色
播种时间：9 ~ 10月	

特征 金鱼草一般给人一年生植物的感觉，但这个品种却是多年生植物。其细长的花茎上会开出许多的小花朵。一般的花色是紫色的，不过也有白色、黄色和粉红色。其叶子比较细长，在地表上分开了之后再往上生长，会越长越高。

要点 金鱼草喜好阳光充足且比较干燥的环境。在肥沃的土壤中，其根部容易腐烂。因此，在秋季和春季施加缓释性肥料即可。在花朵凋谢之后需要修剪枝叶，保持通风和日照。

蓝花丹（别名：蓝雪花、蓝茉莉）

白花丹科	高度：30 ~ 100cm
花期：6 ~ 10月	花色：白色、浅蓝色
种植时期：4月	

特征 琉璃茉莉是具有一定藤蔓类植物特性的灌木，在夏季里会开出淡蓝色或者白色的花朵，可以为夏日的庭院送来一股清爽的感觉。琉璃茉莉的生长速度很快，而且枝叶的生长方向不同，看起来非常繁密。有的枝叶会下垂，而且会出现分枝，特别适合将其悬吊起来种植。

要点 琉璃茉莉的耐寒性较差，所以要注意保温，不过其生命力旺盛，是很容易培育的植物之一。在冬天的时候将其移动到窗边，如果要在地面种植，最好覆盖一层茅草。开花期可以施加一次缓释性肥料，而冬天则可以添加一点液体肥料。每年的5~7月，其可以通过插枝的方式进行繁殖。

一年生和两年生植物

Annuals

一年生或者两年生植物通过种子发芽，然后开花，最后结果，整个生命周期只有1~2年。而一个生命周期结束之后，一般就不会继续生长了。所以，我们可以在不同的地方进行种植，很是方便。而且，它们杂交的品种

麦仙翁
（别名：麦毒草、麦仙翁石竹花）

石竹花科	高度：50 ~ 80cm	
花期：5 ~ 6月	花色：紫红色、白色、粉红色	
播种时间：9 ~ 10月		

特征 麦仙翁在进入初夏之后就会在长长的花茎中开出许多花朵。其五个向外的花瓣都会有一点微微的卷曲，其中心的部分是白色的，带有一些纹路。其细长的叶子在风中摇摆的样子非常特别，在欧洲一般被认为是杂草，没有被当做园艺品种。在插花中用到麦仙翁也是一道风景。

要点 麦仙翁在阳光充足的地方哪怕不加照料，也可以很好地生长。一般通过种子就可以繁殖。不过，其植株较高，而茎部又比较纤细，容易倾倒。所以，不太适合在有强风的地方，或者花盆中种植。

凤仙花
（别名：金凤花、好女儿花、指甲花）

凤仙花科	高度：20 ~ 60cm	
花期：6 ~ 10月	花色：红色、紫红色、白色、橙黄色、粉红色、混合颜色	
播种时间：4 ~ 5月		

特征 凤仙花可以大体上分为两大类，一类是非洲凤仙花，另一种是新几内亚凤仙花。其中非洲凤仙花花色繁多，而且花瓣有多种造型，有的是一层，有的是多重。花期到来的时候，花朵会一朵接一朵地盛开，装点夏日的庭院。可以悬挂装饰，也可以与其他植物一同混搭。

要点 凤仙花喜好阳光充足的环境，在比较明亮的背光处也可以生长。夏日里会不停地开出花朵，在花朵凋谢之后就要立刻将其修剪掉，这样才能延长其开花期。由于凤仙花不适合干燥的环境，所以要不停地浇水。

蕾丝花
（别名：白色蕾丝花）

伞形科	高度：50 ~ 60cm	
花期：5 ~ 7月	花色：白色	
播种时间：9月	种植时期：11月	

特征 蕾丝花在春季会长出细细的花茎，开出白色的像蕾丝一样的花朵，非常优雅。其叶片也比较纤细，与柔美的花朵互相映衬，煞是惹人爱。一般蕾丝花都比较高，在花坛中或者与其他植物混搭都很适合，还有人喜欢将其用于插花。

要点 蕾丝花属于生命力旺盛的植物，在半阴凉的地方也可以生长。其喜好潮湿的环境，要注意不能过于干燥。在花朵凋谢之后，便可以将其修剪掉，然后把种子留下来，以后直接播撒种子就可以繁殖了。肥料方面，一般是以固体肥料为主。

黄色波斯菊

菊科 高度：40 ~ 120cm	
花期：7 ~ 10月	花色：橙色、黄色
播种时间：5 ~ 7月	

特征 黄色波斯菊是秋季绽放的波斯菊的近亲，从初夏到夏末，黄色波斯菊都会开出美丽的花朵。叶片比一般的波斯菊要有更多纹路，高度相对较矮。花瓣有的是一层的，有的是多重的。夏日里提前开花的黄色波斯菊，更早地为庭院带来了秋的气息。

要点 黄色波斯菊喜好阳光充足且排水良好的环境。其耐热性较强，不过不太喜欢潮湿的环境，所以要注意通风和排水。如果通风不好，就会引发红蜘蛛。每月施肥一次即可，在开花期间要施加液体肥料。

波斯菊（别名：秋英）

菊科 高度：120 ~ 150cm	
花期：6 ~ 7月（早开品种）、9 ~ 10月（晚开品种）	花色：红色、黄色、粉红色、白色
播种时间：4 ~ 5月（早开品种）、6 ~ 7月（晚开品种）	

特征 波斯菊属于一年生植物，其造型独特的花朵让大家对其爱不释手。现在已经有了在春季就可以播种，而且在播种之后45~60天就会开花的品种，可以更长时间地享受其美丽的花朵，这就更加增长了波斯菊的人气。

要点 波斯菊的生命力旺盛，对土质没有特殊要求，播种之后就可以繁殖。为了控制其生长高度，在叶子只长出了4~6片的时候，就需要摘去新芽。为了防止蚜虫，需要定期地使用杀虫剂。

彩叶草（别称：锦缎草、金兰草）

紫苏科 高度：30 ~ 60cm	
观赏期间：6 ~ 10月（叶片）	叶色：红色、紫红色、粉红色、绿色、紫色
播种时间：4 ~ 5月	

特征 彩叶草一年四季都会保持丰富的颜色。绿色的叶片会呈现出各种造型，有的品种更是具有特别的纹路。其淡黄色或者带有紫色的叶片更是受人喜爱，而有的品种还有绿色或红色的斑点，或者在叶片的周围有一圈别的颜色等。一般来说都是将其与其他植物一同混种。

要点 彩叶草喜好半阴凉且排水性良好的环境。夏日每天都要浇水，其他时候是在土壤表面干燥了之后再浇水。为了保持其美丽的叶色，每个月都需要施加一次液体肥料。随着天气的变冷，彩叶草会长出花穗，如果完全不管理，会影响到叶片的色泽，所以要进行人工修剪。

洋地黄（别名：毛地黄、毒药草）

玄参科	高度：60 ~ 200cm	
花期：6 ~ 7月	花色：蓝色、红色、紫红色、黄色、白色、粉红色、紫色	
播种时间：5 ~ 6月、9月	种植时期：9 ~ 11月	

特征 洋地黄的花茎上会开出许多像铃铛一样向下低垂的花朵。它们可以长到普通人身高的高度，具有很强的存在感。此外，最近比较低矮的洋地黄越来越有人气。洋地黄也可以入药。

要点 洋地黄喜好阳光充足且排水性良好的环境。其耐热性较差，在高原地带或者山地上生长会更好。浇水过度的话，其根部容易出现腐烂。花朵凋谢之后需要将花穗修剪掉。

香雪球（别名：多彩香雪球）

十字花科	高度：10 ~ 15cm	
花期：5 ~ 6月、9 ~ 10月	花色：淡紫色、白色、粉红色	
播种时间：9 ~ 10月	种植时期：10月	

特征 香雪球开花的时候是一簇一簇的，样子十分可爱，而且还会散发出醉人的芬芳。由于其一般是横向生长的，所以看起来很茂密，非常适合与其他花卉一同混种，或者种植在花坛的边缘上。其花色一般是白色或者淡紫色、粉红色等。

要点 香雪球喜好阳光充足的环境，在种植之前最好在土壤中混合一些石灰。秋季里可以在花盆中开始播种，3月份的时候移栽比较适合。当花朵凋谢之后，需要修剪掉花茎，这样它还会继续开花。冬天需要避免霜冻，在相对温暖的地方培育。

蜡花（别名：石蜡花）

紫草科	高度：30 ~ 50cm	
花期：4 ~ 5月	花色：紫色	
播种时间：10月	种植时期：4月	

特征 蜡花的叶片是绿色中带有银白色的，其向下盛开的紫色的花朵和花苞有极强的个性。在合适的温度和阳光下，蜡花会展现出深浅不同的紫色变化，发出玉一般的光泽。由于其花朵都是紫色的，所以特别能够表现出层次感，还可以将其移栽混合种植，是适用范围很广的花卉之一。

要点 蜡花的生命力非常旺盛，很好培育。其喜好阳光充足且通风良好的环境，适合干燥的土壤。在下霜或者寒风中容易枯萎，所以冬天的时候需要保护好，做好防寒措施。

非洲波斯菊
（别名：非洲菊）

菊科	高度：20～30cm	花期：4～6月	花色：黄色、橙色、白色
播种时间：9～10月	种植时期：3月中旬～3月下旬		

特征 非洲波斯菊的花形和普通波斯菊类似。其花瓣具有光泽，在阳光下会展现出其最美的一面。它们一般在白天花朵会开放，到了晚上就合在一起。如果将其用作插花，在较暗的房间中花瓣也不会合在一起。非洲波斯菊的花茎比较细长，个头也不大，叶片比较柔软。其通过移栽混种的情况较多，可以为庭院带来明亮的感觉。

要点 非洲波斯菊喜好阳光充足且排水性良好的环境，在合适的地方生长更加旺盛。在花朵凋谢之后，需要将花茎完全修剪掉。最初施肥的时候，加一些缓释性肥料即可。注意浇水的量不能过多。

飞燕草（别名：猫眼花）

毛茛科	高度：30～120cm	
花期：6～8月	花色：蓝色、黄色、白色、橙色、粉红色、紫色	
播种时间：9～10月	种植时期：3～4月	

特征 飞燕草的花穗非常饱满，开花的时候是由下往上的顺序，在欧美的庭院里很常见。在日本一般是作为插花或者干花的原料，不过，在近几年的庭院中也慢慢地开始种植飞燕草。

要点 飞燕草喜好阳光充足且通风良好、肥沃而排水性良好的环境。原始肥料需要使用堆肥和缓释性肥料，充分搅拌了之后再种植。植株之间的距离要控制在40cm左右。花穗上全部的花朵都凋谢了之后，需要将其花茎完全切除。

黑种草（别名：黑子草）

毛茛科	高度：40～80cm	
花期：5～6月	花色：蓝色、黄色、白色、粉红色、紫色	
播种时间：9～10月		

特征 黑种草的种子颜色是黑色的，所以将其命名为黑种草。其细小的、纤细的花茎上方是蓝色的或者白色的花瓣。黑种草结出的果实还可以风干后食用。其种子具有清香和消除臭味的功能。

要点 黑种草不太适合移栽，但是在朝阳且排水良好的地方很容易生长。在阳光下，其种子不太容易发芽，所以在播种的时候要在上方覆盖一层厚厚的土壤。黑种草一般没有病虫害，控制好肥料的用量，它就会持续开花。其是生命力旺盛，不太需要特别照料的植物之一。

龙面花（别名：奈美利亚）

玄参科　高度：10 ~ 30cm

花期：3 ~ 6月	花色：蓝色、红色、黄色、橙色、白色、粉红色、浅蓝色、混合色
播种时间：9 ~ 10月	种植时期：4月

特征 龙面花的花茎比较细长，上方会开出许多花朵。其在雨水中比较容易受伤，所以需要在可以移动的花盆里种植。其花色繁多，除了红色、黄色和紫色的单色以外，还有许多带有渐变色的色彩组合。

要点 龙面花喜好阳光充足且排水性良好、通风的环境。在种植的时候，首先需要添加缓释性肥料，每株相距20cm左右种植，之后就不太需要追肥了。当土壤表面干燥了之后就需要浇水。在冬季，最好将其置于窗台边。

粉蝶花（别名：喜林草）

水叶科　高度：15 ~ 30cm

花期：3 ~ 5月	花色：蓝色、白色、紫色、混合色
播种时间：9 ~ 10月	种植时期：4月

特征 粉蝶花的花茎上会开出非常可爱的花朵。一般都是琉璃色的，这就是其英文名"蓝琉璃"的由来。此外，有的花瓣中还有紫色的斑点，或者有着白色的边缘等，色彩丰富。

要点 粉蝶花喜好阳光充足且排水良好的干燥环境。由于其不适应过多雨水的环境，所以在浇水的时候也要引起注意。原始肥料不用太多，每个月施加2~3次液体肥料即可。在潮湿的环境下不易生长，所以需要保持长期的通风和定期修剪枝条。

三色堇、蝴蝶花（别名：人面花、猫脸花）

堇菜科　高度：15 ~ 30cm

花期：11月至来年5月	花色：蓝色、红色、紫红色、黄色、白色、橙色、粉红色、紫色、混合色
播种时间：8 ~ 9月	种植时期：10月

特征 蝴蝶花与普通的三色堇其实是一个品种，只是花形更小一些。从晚秋时节到晚春时节，三色堇都会持续绽放，装点花坛和庭院的每一个角落。由于其花色丰富，而且培育简单，所以在打造庭院的时候一定会用到。

要点 三色堇喜好阳光充足且排水良好、通风良好的环境。在长出种子之后，其植株的生长就会变弱。所以，在花朵凋谢之后需要将其摘除下来，这样就可以保证其持续开花了。在种植的时候，可以在土壤中混合少量的缓释性肥料。从春季开始，每10天需要施加一次液体肥料。

报春花（别名：年景花、樱草、四季报春）

樱草科　高度：10～30cm

花期：12月至来年5月	花色：深粉色、蓝色、黄色、白色、粉红色、紫色、混合色
种植时期：9月下旬～10月上旬	分株时间：9月、10月

特征 报春花的名字来自于其开花的时间，其是春季首先开花的植物之一。在寒冷的地方或者温暖的地方，报春花都可以长时间开花，其多彩的花朵可用来装点庭院。很多时候，还将报春花与三色堇一同种植，在大型的花盆里一同混种也很美。

要点 报春花的抗旱能力不是很强，所以在3月上旬之前，最好将其放在窗台边培育。到了3月中旬以后，就可以移到室外了。报春花的花期很长，所以在花朵凋谢之后要将其摘除，这样才能持续开花。一般每10天施加一次液体肥料即可。

矮牵牛花（别名：碧冬茄）

茄科　高度：30～60cm

花期：6～10月	花色：红色、蓝色、白色、粉红色、紫色、混合色
播种时间：4～6月	种植时期：5～6月

特征 矮牵牛花从初夏开始一直到深秋都会持续绽放，其耐热性很强，夏季一样会怒放。有的品种适合在花坛中种植，有的适合在花盆里种植，有的带有攀爬性的可以在悬挂式花盆里种植。以前矮牵牛花在雨水中容易枯萎，但现在品种改良了之后，这个问题也迎刃而解了。

要点 矮牵牛花喜好阳光充足且排水良好的环境，在种植之前的2~3周需要在土壤中混合石灰以及缓释性肥料。追肥的时候使用液体肥料即可。由于其不适应湿度过大的环境，所以在浇水的时候要注意，不能让其根部腐烂了。

罂粟

罂粟科　高度：50～120cm　花期：4～6月　花色：红色、黄色、白色、橙色、粉红色、混合色

播种时间：9～10月（春罂粟）、6～9月（秋罂粟、冬罂粟）

种植时期：9月中旬～10月下旬

特征 罂粟从春季到初夏都会开出非常娇嫩的花朵。现在栽培的罂粟品种一般根据盛开的季节分类，有春罂粟、秋罂粟和冬罂粟。春罂粟的花朵一般是红色或者粉红色的。而秋罂粟可以在插花中使用，其花朵一般是黄色或者橙色的。最后，冬罂粟的花茎比较粗壮，花朵也比较大。

要点 罂粟喜好阳光充足且排水性良好的环境，其耐寒性也很不错。一般直接播种就可以发芽，或者在苗床上培育，然后等到叶子长出了2~3片之后再移栽到合适的地方栽培。播种的时候尽量不要让种子重叠在一起，而且不需要覆盖土壤。

万寿菊（别名：臭芙蓉、万寿灯、蜂窝菊）

菊科 　高度：30 ~ 80cm

花期：6 ~ 10月	花色：红色、黄色、白色、橙色、混合色
播种时间：4 ~ 5月	种植时期：5月中旬~6月、9月

特征 万寿菊有着"圣母黄金"的美誉，这也是其英语名的由来。从初夏到晚秋，万寿菊会开出橙色、黄色的花朵。其中包含许多品种，例如法国品种、非洲品种、法国非洲混种等。其中最有人气的当数法国品种了，其叶片中带有斑点或者条纹。

要点 万寿菊喜好阳光充足且排水性良好的环境，在花朵凋谢之后要将花茎一并修剪掉。如果过于干燥会出现蚜虫等病害，发现了就要喷洒药剂。为了预防病虫害，在浇水的时候，要给叶片也喷上水。

皇帝菊

菊科 　高度：20 ~ 40cm

花期：7 ~ 9月	花色：黄色
播种时间：4 ~ 6月	

特征 皇帝菊特别适合装点夏季的花坛。它原产自中非，从初夏到秋季都会持续开花。其叶片色彩较淡而且明亮，不需要过多照料也能健康生长。由于这个特性，皇帝菊在世界各地的种植越来越多了。

要点 皇帝菊喜好阳光充足且排水良好的环境。在播种的时候，需要在土壤中混合腐烂树叶、堆肥或者牛粪等，此后就不需要追肥了。其一般在比较干燥的环境中会生长更好。如果过于干燥，可能会出现红螨虫，所以要引起注意。

矢车菊（别名：蓝芙蓉、翠兰）

菊科 　高度：30 ~ 120cm

花期：4 ~ 6月	花色：蓝色、红色、白色、粉红色、紫色
播种时间：9月	种植时期：10月中旬、3月下旬

特征 矢车菊的花形与日本传统的"矢车"造型很像，所以以此命名。其花茎上会开出多重花瓣的花朵，叶片和茎秆上有白色的绒毛。矢车菊除了常见的蓝色和紫色花朵以外，还有白色和粉红色的品种。其常常用作插花。

要点 矢车菊喜好阳光充足且通风良好的环境，对排水性要求也很高。播种之后就可以繁殖，生命力顽强，在微风吹拂下会分散在各地。如果在肥沃的土壤中种植，就不需要额外施肥了。冬天要注意霜冻。

羽扇豆（别名：多叶羽扇豆、鲁冰花）

紫苏科　高度：50 ～ 120cm

花期：4 ～ 6月	花色：蓝色、红色、黄色、白色、橙色、粉红色、紫色
播种时间：9 ～ 10月	种植时期：9 ～ 10月

特征 羽扇豆从春季到初夏都会开花，其花穗很大，花苞呈豆状。由于羽扇豆特别像倒过来的紫藤花，所以日本人也称之为是"立式紫藤"等，其叶片展开来像伞的造型。其适合在花坛中心种植，或者作为背景来映衬其他花朵。

要点 羽扇豆喜好阳光充足且排水性良好的环境。由于其不适应酸性土壤，所以要在土壤中混合石灰。种植的时候要保持其根部的稳定，施肥的量不能太大。在比较潮湿的环境中，羽扇豆会出现根部腐烂的现象，因此要在土壤表面干燥了之后再浇水。

半边莲（别名：急解索、细米草、蛇舌草）

桔梗科　高度：10 ～ 30cm

花期：5 ～ 6月	花色：蓝色、白色、粉红色、紫色
播种时间：10 ～ 11月	种植时期：4月

特征 半边莲在世界上有350多种，其中庭院中种植最多的应该是艾利斯半边莲。这种半边莲的枝叶比较细长，花朵的形状就像展翅飞翔的蝴蝶。此外，有的半边莲品种的花朵是向下呈吊钟形盛开的。

要点 半边莲喜好阳光充足的环境，适当地浇水和施肥可以让其长到很大。由于其不适合湿度过大或者干燥的环境，所以在土壤完全干燥之前就需要适量浇水了。由于半边莲比较容易招惹蚜虫，所以每个月要使用驱虫剂1~2次。

勿忘我

紫草科　高度：20 ～ 40cm

花期：4 ～ 5月	花色：蓝色、白色、粉红色、浅蓝色
播种时间：10月	种植时期：11月

特征 勿忘我在初夏会开出楚楚动人的小花，其花色非常柔美，而且与各种花卉都很搭，所以非常适合用来混种。普通品种的勿忘我，其花心是黄色的，花瓣是蓝色的。不过，现在也有花瓣是白色或者粉红色的品种。而花朵外层类似花萼的部分其实是叶子。

要点 勿忘我喜好阳光充足或者半阴凉的环境，由于其抗旱能力较差，所以每天都需要浇水。在播种之后就会发芽生长，每株间需要隔开一定的距离。在直接种植花苗的时候，要注意不能伤害到根部。此外，还要注意防止蚜虫。

第七章
打造庭院的基础知识

庭院一年四季的景色都在发生变化，因此带给了我们更多的感动。
为了让庭院能展现出最美的风姿，我们需要掌握正确的知识。
下面为大家介绍的就是关于土壤、庭院、花草的选择与处理的方法等。

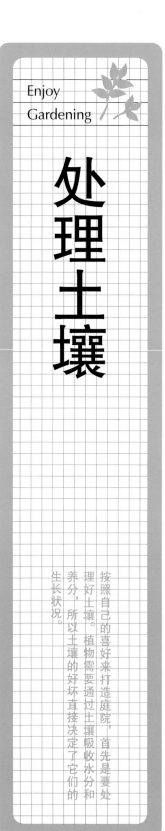

处理土壤

按照自己的喜好来打造庭院，首先是要处理好土壤。植物需要通过土壤吸收水分和养分，所以土壤的好坏直接决定了它们的生长状况。

打造庭院从处理土壤开始

植物在土壤中生根发芽，从土壤中吸收水分和养分。然后还要通过土壤来固定根部，从而支撑整个植株。所以，如果根部不稳定，那么植物的茎秆和花叶也不会健康。理想土壤的条件包括许多项，例如，通风性良好、保水性良好、排水性良好、肥沃等。

土壤中真正发挥作用的是土壤颗粒。如果这些颗粒之间的距离合适，那就可以为植物提供必要的空气，也帮助水分的渗透。至于土壤是否达到了理想的团粒结构，只要用手捏一下土壤就知道了。在合适的湿度下，如果用力捏土，土壤缩成了一团就是保水性良好的土壤。而如果土壤并没有结团而散开了，那就是保水性不好的土壤。哪怕是结团了的土壤，用手指头轻轻一戳就瞬间散开的也不是团粒结构。

改良和平衡土壤的酸碱性

土壤有的是酸性的，有的是碱性的。但最好的是中性的，或者弱酸性的。如果土壤是极端的酸性或者碱性，那么植物对于养分的吸收就会变得很差。土壤的具体酸碱性，我们可以通过园艺商店销售的试纸或者试剂进行测量。

植物在种植了一段时间之后，土壤中的石灰质就会大量流失，因此比较容易呈酸性。在酸化的过程中，叶片生长不错，但是整体的情况却不好。因此，我们需要使用土壤改良剂来调节土壤的酸碱度。一般要想提升1个pH值，需要在10L的水里使用10~20g消石灰或者土石灰。石灰在水分的作用下会固定结团，所以其在混合到土壤之后就要立刻搅拌均匀。此外，将石灰与堆肥一同混合的时候可能会产生化学反应，所以，在施加堆肥前的1~2周就要将土壤调理好。有的植物比较偏好碱性的土壤，同样的方法，通过土壤改良剂调节即可。

土壤在长时间使用后，其表面会变得比较坚硬。疏松土壤的时候可以添加一些腐烂树叶、堆肥等，让土壤变得肥沃起来。

优良土壤、低劣土壤

一般来说，保水性、排水性和保肥性都较强的土壤就是优良土壤。而低劣土壤会让植物的根部无法健康生长，最终影响到整体的生长情况。

● 优良土壤（团粒结构）　　　● 低劣土壤（单粒结构）

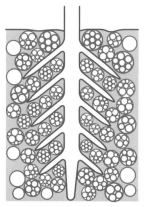

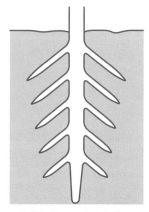

团粒结构的土壤颗粒有大有小，小的颗粒可以保持水分和养分，而大的颗粒可以增加土壤的通透性和排水性。　　土壤的颗粒之间没有空隙，所以就很难有保水性、排水性以及透气性。这样，植物根部是没有办法呼吸的，最后就会枯萎。

混合不同种类的土壤

①基本土壤

基本土壤是可在园艺商店轻松买到的。不过，其中有的土壤本身的透气性较差，使用之前，我们必须要将其进行改良，处理之后再使用。其中最受欢迎的土壤之一就是赤玉土。赤玉土的颗粒较大，其排水性、透气性都极强。而鹿沼土比较适合栽培杜鹃等植物，在插枝的时候使用得也很多。黑土一般含有较多的有机质，相反，其透气性则比较差。

②改良土壤

一般用来增加土壤透气性的专用土壤，就称为改良土壤。搜集落叶，或者将树皮切碎之后，在一个潮湿的环境中保存一段时间就可以形成用来改良土壤的专用土壤。将其搅拌到普通土壤中，可以有效提升土壤的透气性和排水性，增加土壤中的微生物。而且，这样的土壤往往都是团粒结构的，可以为植物的根部营造一个最适合的生长环境。

③调整土壤

将岩石经过工业的加工之后就可以得到调整土壤。调整土壤比一般的土壤要轻，透气性和保水性都很强，与普通土壤混合之后就可以使用了。

④培养土壤

花草、球根、蔬菜等培育的时候都需要培养土，在普通土壤中加入肥料、防止根部腐烂的特殊物质等，根据植物的需求进一步调配各种成分的比例。

种类	名称	特征	排水性	保水性	透气性
基本土壤	赤玉土	赤玉土具有很强的保水性、透气性和保肥性。根据其颗粒的大小又分为小颗、中颗、大颗三种。赤玉土中带有一定光泽，且形状比较固定的品质最佳。	○	◎	◎
	黑土	其质量较轻，含有空气以及各种有机氧化物。	×	○	△
	鹿沼土	一般价格都很便宜，而且大小混杂。当然，价格高昂的鹿沼土也是有大、中、小颗粒之分的，使用起来很简单。一般在插枝的时候使用，适合杜鹃花等植物。	○	◎	◎
	浮石	火山喷发物的一种，其质量很轻，多孔，透气性和保水性一流。有的是天然的，也有人工制作的。比较适合在种植兰草的时候使用。也可以放到花盆的底部，增加土壤的透气性。	◎	△	◎
改良土壤	木屑堆肥	在做木工活的时候会有许多的木屑（树皮等），将其堆积起来发酵就可以得到有机土壤改良材料。有机物在分解之后会产生细菌，可以帮助植物吸收土壤中的营养成分，提高肥的利用效率。其与腐烂树叶的使用方法相同。	△	○	◎
	腐烂树叶	宽叶落叶林的落叶在堆积起来之后就可以获得腐烂的树叶。由于叶片会成为昆虫和细菌的食物，所以分解之后，质量就变得较轻，富含各种有机物质。不能直接使用腐烂树叶，需要与普通土壤混合使用。	△	○	◎
	泥炭藓	许多植物的有机物在寒冷的低湿度的地方长时间堆积之后，就形成了泥炭藓。泥炭藓的质量很轻，有很好的透气性和吸水性。其中的离子甚至比腐烂树叶还要轻，不过作用是一样的。其酸度很高，使用时要引起注意。	△	○	◎
调整土壤	蛭石	蛭石在高温加热之后就可以获得带有褐色光泽的云母状颗粒。蛭石的质量较轻，具有很强的保水性和透气性，是没有细菌且没有肥料的人工合成物质。一般都要与普通土壤混合使用。	◎	◎	◎
	珍珠岩	珍珠岩、黑曜石等加工之后就可以获得比较粗的颗粒。在插枝的时候经常使用，此外还可以与其他类型的土壤搭配使用。珍珠岩具有很强的保水能力，而黑曜石的又具有较好的排水性和透气性。	○	○	○
培养土壤	培养土壤	在种植花草、球根、蔬菜、草药等的时候，常常需要在普通土壤中混合肥料、防止根部腐烂的试剂等。根据具体的目的可以调配出不同的培养土。	◎	◎	◎

根据自己的需求混合土壤

根据不同的植物，我们可以自己搭配和混合土壤。一般，花草所需要的土壤的混合比例是：赤玉土6、腐烂树叶等3、蛭石1。如果需要播种，那一般是赤玉土（极细颗粒）5、泥炭藓4、沙石1。如果要想种植球根植物，那就需要黑土8、泥炭藓2，然后搅拌适量的石灰。

土壤在混合之后就可以直接种植植物了。不过要是时间允许的话，最好将其放置一段时间之后再使用。特别是在土壤中搅拌了有机肥料的时候，更要间隔2~3周再种植植物。

庭院树木的选择方法

庭院树木实际上包括许多种植物。一般来说可以分为落叶树木、常绿树木、乔木、灌木、针叶树木与阔叶树木等，甚至还可以根据是否结果来区分。当然，首先是要知道它们的属性并将其组合起来种植。

秋季落叶的就是"落叶树木"，四季常青的就是"常绿树木"

在冬季到来之前，许多老叶就会枯萎飘落，这一类的树木就是落叶树木。落叶树木之所以落叶，是因为这样可以更容易过冬。树木接触寒冷空气的部分越少，就可以越接近冬眠的状态。在来年春天到来时，树木就会长出新芽，重新变成一片绿色天地。而枫树、羽扇槭等树木到了秋天树叶会变红，其实也属于落叶树木的一种。

有一些树木一年四季都会保持绿色，这样的树木就是常绿树木。一年四季树叶都非常漂亮，较小的庭院也可以保持常绿景色。如果能在小小的庭院多种植几棵常绿树木，那就真的是一片绿色海洋了。

常绿树木一年四季都会有叶子，但并不是说所有的常绿树木永远不掉叶子。橡木、栎树等植物属于常绿宽叶树木，但他们在春天一样会长出新叶，而老叶则会飘落，完成一个新旧的替换。

常绿树木

落叶树木

乔木

灌木

常绿树木与落叶树木的搭配

落叶树木比较好的是，许多品种到了秋季其叶色都会变化。种植的时候要选择合适的场所，保证不会被夏日的阳光所直射。而落叶树木在叶片飘落之后就只剩下枝桠和树干了，可以增强冬日里庭院的采光。此外，夏季与冬季景色的变化，还可以让我们领略到冬季特有的风采。不过，落叶树木落叶的时候，清扫起来很费时间，需要多加注意。此外，树木如果比较大，在落叶的时候叶片还可能会飘落到邻居家，可能会引发邻里纠纷。所以在种的时候一定要选好位置。

树木一般根据其高度可以分为乔木（4m以上）、中高树木（2~4m）、中等树木（1.2~2m）和灌木（0.3~1.2m）。

常绿树木在种植的时候比较小，可是过几年就可能会长高长大，这时候就需要注意其树形的大小了。要经常通过修剪树枝来整理其树形。

根据叶片造型区分为针叶树木和阔叶树木

阔叶树木的叶片一般是椭圆形的，而且有许多旁生的叶脉，一般都很清晰。而针叶树木的叶片与针的造型类似。不过，并不是所有的针叶植物的叶片都是尖刺状的，例如竹柏，其叶片就是圆形的，但同样属于针叶树木。

针叶树木与阔叶树木的叶片差别很大，可是却有着很紧密的关系。其实，世界上最早的树木都是针叶树木，阔叶树木是在阳光充足的环境中逐渐演变出来的一个品种罢了。阔叶树木在阳光下可以获得更多的养分，而针叶树木向上生长的方式同样是为了获取阳光。因此，针叶树木的高度一般都比阔叶树木要高。

针叶树木与阔叶树木的比例不同会带给庭院不同的印象。阔叶树木的叶片比较宽，而且一般是圆形的，所以给人的感觉比较温柔。而针叶树木与阔叶树木相比，针叶树木更加硬朗。如果是钢筋混凝土的现代化庭院，那我们就可以使用一些小型的针叶植物来装扮。小型的针叶植物，除了我们传统意义上的松树、杉树以外都可以归为这一类。

耐阴和喜阳的树木

有的植物比较耐阴，也就是说，其在阳光较少的环境中仍然可以生长。庭院的植物，一般都比较喜好阳光。不过，一些品种在阴凉的环境中也可以生长，甚至还比较偏好阴凉的环境。在日照不好的地方，我们应该要选择耐阴的植物种植。

常绿树木

乔木·中等树木	灌木
红松、橄榄树、桂花树、山茶花、光蜡树、栎树、喜马拉雅杉树、厚皮香、山桃树	大花六道木（在东京以北的地区是落叶树木）、桃金娘、夏鹃、杜鹃、银叶女贞、朱砂根、紫金牛

落叶树木

乔木·中等树木	灌木
榔榆、紫脉鹅耳枥、日本枫树、野茉莉、麻栗树、枹栎、紫薇花、烟树、四照花、山桃树、山茱萸	美国绣线菊、绣球花、粉色绣线菊、蓝莓、喷雪花

耐阴能力

没有	在阳光不足的地方无法生长	日本枫树、黄梅树、荚蒾、橄榄树、海棠、枫树、木瓜树、榉木、麻叶绣线菊、皱叶木兰、樱花树、白桦树、野漆树、四照花、红花七叶树、蔷薇、火棘、牡丹、金缕梅、含羞草、木棉、日本红叶、山茱萸、喷雪花、腊梅
稍微	在阳光不足的地方可以生长，但是在阳光充足的地方生长得更好	绣球花、野茉莉、丹桂、栀子花、山楂、绣线菊、云锦杜鹃、杜鹃、山茶花、紫荆花、日本紫荼、山毛榉、金缕梅、喙冬青、厚皮香、南天竺、冬青
较强	在阳光不足的地方可以生长	青木、东北红豆杉、八角金盘

如何选择主要树木

作为庭院的一个象征，主要树木担任着重要的任务。我们首先需要选择树形优美且比较容易保持树形的树木作为主要树木，然后还要考虑其是否方便修剪。

■适合作为主要树木的品种

青梻：青梻的树高有10m左右，每年5月会开出白色的花朵。其美丽的花朵就好像是樱花一般，之后会长出可爱的果实，而秋季其叶色会变成鲜艳的红色。

大柄冬青：大柄冬青的树高有10m，每年的5~6月会开出不太醒目的花朵。秋季其叶片会变黄，非常美丽。而9~10月会结出红色的果实。

野茉莉：野茉莉的树高有7~8m，到了5~6月就会开出铃兰一样的花朵。秋季其叶片会变红，到了8~9月会长出果实。

优良树苗和低劣树苗

● **实生苗**：长出了细长的根，叶片颜色较浓

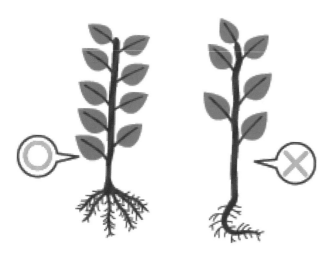

● **插种苗**：树叶紧密，树干上有光泽

色木槭：色木槭的高度在10~15m，每年的4~5月会开出黄绿色的小花。秋季其叶片会变黄。

红山紫茎：红山紫茎的高度在2~6m，每年的6~7月会开出直径在7cm左右的类似山茶花的花朵（只盛开一天）。秋季的红叶非常美丽。

加拿大唐棣：加拿大唐棣的高度是10m左右，每年的4~5月会开出有五个花瓣像铃铛的一样的花朵。秋季其叶片颜色会变成鲜红色。6月左右会长出蓝莓一样的果实。

山茱萸：山茱萸的高度在2~4m，每年的5~6月会开花。由于其垂直生长，所以在狭窄的地方一样可以培育。

鸡爪槭：鸡爪槭的高度在5~10m，每年5月左右会开出红色的花朵，9月会结果，而10~11月的红叶最美丽。

在决定好了主要树木之后，就可以开始考虑高度稍微低一些的树木了。荚蒾、烟树、鸡麻、腺齿越桔等都是很好的选择。此外，如果庭院都是落叶树木的话，到了冬季就会特别冷清。所以种植一些橄榄树之类的常绿树木。

根据使用的目的来选择树木

庭院里的树木，其叶子的形状、密度等都有各自的特点。根据不同的种植场所就必须要有所取舍。如果想要在秋天获取甜美果实，那就可以选择种植结果的树木。

■根据目的选择树木

遮挡阳光：紫藤、野木瓜、无患子、山茱萸等落叶树木。

遮蔽视线：齿叶冬青、日本桧木、冬青卫矛、喙冬青等比较高大的乔木。

防风：青木、珊瑚树、车轮梅等。

吸引小鸟：落霜红、腺齿越桔、南天竺、日本女贞、火棘等。

享受果实：梅树、柿子树、木瓜树、橘子树等。

此外，我们在园艺商店或者剪裁中心选择树苗的时候，要注意一下几个要点。

三种基本的种植方法

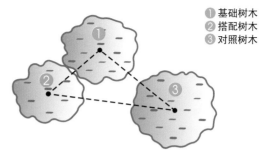

❶基础树木
❷搭配树木
❸对照树木

①使用怎样的方法培育出的树苗呢？

实生苗（从播种直接培育出的树苗）从生长到开花需要较长的时间，不过其间的生长是很快的。实生苗需要选择已经长出须根的树苗。而插种苗的生长速度较慢，比较适合在花盆中种植。可以开出与母树同样的花朵，结出同样的果实。插种苗需要选择叶片紧密的树苗。

②选择枝干粗壮的

最好选择枝干粗壮的，在树枝与树枝之间不会过于紧密的树苗。此外，叶色要良好，树叶之间最好比较紧密。

③选择树根健全的

如果树根已经出现了弯曲或者病虫害，那就不能选择了。

用不等边三角形布置树木

在种植树木的时候，必须要考虑树木之间的平衡感和位置。如果是种植3棵树，最好是将其安排在不等边三角形的3个顶点上，而三边的比例最好是7∶5∶3，这样可以让庭院达到最好的平衡感。这样的布置方式在很早的日式庭院中就采用了。主要的那棵树称为"基础树木"，与它同种的（如果是基础树木是常绿树木，那么这里也选择常绿树木）树木就称为"搭配树木"，而与它品种不同的（如果基础树木是常绿树木，那么这里就选择落叶树木）树木就是"对照树木"。这样的三个位置就构成了一个不等边三角形。

不过，现在庭院中，我们也不一定要完全按照这个方式来处理树木之间的位置关系。我们还需要考虑树木的高度，构建出一个立体的庭院。

除此之外，庭院中的石块、椅子、木甲板等都需要与树木进行相应的位置搭配。

这棵树的树干并不是笔直的，但正是这种稍微弯曲的感觉才带来一种如大自然般的风趣。（田边女士的家）

167

庭院花草的选择方法

一年生或两年生植物

一年生植物又可以分为春季播种植物和秋季播种植物

一年生植物指的是在播种之后的一年内会完成开花、结果、枯萎整个过程的植物。其中可以分为春季播种的类型和秋季播种的类型。春季播种的植物指的是在春天播种，到了夏天和秋天就会开花的植物。这个类型的植物主要是在亚热带、热带地区生长，如非洲菊、向日葵、万寿菊等。而秋季播种的植物指的是在9月左右（秋分的2周前后）播种，然后在来年的春季和夏季开花的植物，如香豌豆、雏菊等。

两年生植物指的是在播种之后的一年到两年内开花的植物，例如在4月播撒的种子，可能在来年的4月才开花，这一类植物可以越冬。两年生植物的品种很多，如风铃花、洋地黄、蜀葵、羽扇豆等。不过，这一类的植物也有一年生的品种。

种植之前改良土壤

一年生或者两年生植物可以播种，也可以插。如果要播种，那就类似向日葵一类的种植，直接播撒即可。而一些小种子，例如罂粟的种子最好统一在一个位置先播种，等发芽了之后再移栽到别处。如果是在一个小箱子里播撒种子，那就最好分隔出不同的区域，保证种子有独自的空间。

种子在播撒了之后，基本上是不需要覆盖太多的土壤。播撒之后，发芽大约需要一周时间。此后在阳光的照射下，叶子会逐渐地生长并展开。

根据播种时间来区分

春季播种	秋季播种
非洲菊 百日草 向日葵 矮牵牛花 万寿菊	金盏草 香豌豆 洋地黄 雏菊 三色堇 羽扇豆 勿忘我

一年生或者两年生植物（秋季播种）的生长过程

【春季】开花：花朵盛开。

【秋季】播种：比较小的种子可以先盛放到纸上，然后均匀地播撒到土壤里。

【晚春】种子形成：花朵凋谢之后，小种子开始生长。

【早春】生长期：在春季的温暖气温下，花茎开始生长，花蕾开始形成。

【秋季】发芽：播种之后，需要7～10天的时间种子才会发芽，然后长出嫩叶。

【冬季】生长期：植株逐渐变大，这个时期就可以将其移动到合适的位置种植了。

当嫩叶长出来之后，就可以将其移栽到花坛或者花盆中了。事先需要在土壤中掺和有机肥料改良土壤，种子与种子之间也应该保持间隔。小型种子应该间隔10~15cm，中型种子应该间隔20cm，而大型种子应该间隔30cm。有机肥的使用量一般是：1m²的面积上使用4kg左右的堆肥、腐烂树叶、蛭石等。

一个月追肥一次

花期较长的植物，每个月都应该要追肥一次，保证它们有充足的营养。而且，每天都要浇水，并且仔细观察花草的长势，看看有没有病虫害。通过细心的照料，让可能发生的伤害降到最低。

花朵凋谢之后，结出的种子要到第二年才可以播种。种子可以与干燥剂一同放到密封的容器里，在10℃以下的温度中保存。一般种子都没有办法长时间储存，所以最好在收获之后的1~2年间使用。

多年生植物

生命周期有好几年

多年生植物（秋季开花）的生长过程

【晚秋】生长停止：花朵凋谢、地面上的茎秆和花朵都会枯萎，只留下根部。

【冬季】冬眠期：地面上会出现一点枝叶，进入越冬的状态。

【春季】分株：比较大的植株可以对其地下部分进行修剪来分株。

【春季到夏季】生长期：3月左右开始发芽，植物开始蓬勃生长。

【夏季到秋季】生长期：植株继续生长。

【秋季】开花：10~11月开始开花。

多年生植物在开花结束之后，其地上的部分也不会枯萎，可以持续生长好几年。有的时候也称之为宿根植物。严格来讲，在冬季不会落叶的是多年生植物，而叶子会枯萎的属于宿根植物。多年生植物中有许多是产自日本的花卉，所以特别适合在日式庭院中种植。

英式花园具有悠久的历史，其中也经常使用到多年生植物。所以，如果想要让自己的庭院四季常青且花朵常开，那就需要考虑种植多年生植物了。

播种的时间方面，春季和初夏盛开的花卉（樱草、木茼蒿等）要在9月下旬到10月下旬播种；在夏季和秋季盛开的花卉（桔梗、龙胆等）需要在3~4月就播种。

如果直接使用花苗就更加方便了，这样在种植之后很短的时间内就可以开出美丽的花朵了，我们还可以选择已经有许多花蕾的植物。

多年生植物种植之后就可以在同一个地方持续生长。所以，在种植之前就要考虑好各方面的因素。此外，我们还需要思考花卉与其他植物的搭配。一年生或者两年生植物与多年生植物也可以搭配种植。例如在设计到配色的时候，我们需要考虑到颜色的组合。

根据开花时间分类多年生植物

春季开花的多年生植物	夏季到秋季开花的多年生植物	四季开花的多年生植物
漏斗花	桔梗	非洲菊
芝樱花	菊花	天竺葵
福寿草	车前草（玉簪花）	非洲紫罗兰
报春花	婆婆纳	
木茼蒿	龙胆	

此外，芝樱花等比较低矮的植物还可以作为覆地类植物，利用高度差来营造平衡感。

植株长大了之后就需要分枝

多年生植物每年都会成长，在种植的时候要保证它们之间有足够的空间。此外，大概2~3年之后植株就变得较大，如果放任不管反而会影响到植物的成长。因此，我们就需要进行分株。所谓的分株就是将一棵植物分成多棵，保证植株的大小、叶片都比较合适，然后再分开来种植。将植株从土壤中挖出来之后我们可以手动分株。如果手动分株比较困难，我们也可以使用剪刀等来进行操作。分株之后的植物要保持湿润，最好能够立马种植。

如果分株之后植物根部的切口比较明显，可以涂抹上一些草木灰。春季开花的多年生植物一般在9~10月分株，而夏季到秋季盛开的多年生植物一般在3~4月分株。

施肥要选择缓释性肥料

多年生植物的成长时间长，所以施肥的时候最好选择缓释性肥料。最初的肥料肯定要选择缓释性肥料，每年开花的时候还需要追肥。一般多年生植物在开花结束之后就进入了休眠期，与一年生或者两年生植物结果之后一样。

休眠期内不太生长的植物不需要大量施肥。寒冷地区以外的地方，多年生植物都可以直接过冬。而有的品种不太耐寒，或者生长的区域冬天很寒冷，那就要做好足够的防寒措施。此外，如果植物地面上的部分枯萎了，一定要将其完全挖出来，但是不要误伤了旁边的植物。

球根植物

春季球根、夏季球根、秋季球根

球根植物在地面以下的部分用以储存养分，这个区域越来越大，最后就变成块状的根部或者茎部。开花之前，球根植物一直处于积攒能量的过程；开花之后，球根可能会长出一个新的球根，将这个球根分开来种植，就又可以孕育新的植株了。

球根主要分为春季球根、夏季球根和秋季球根，3~6月的时候种植的就是春季球根，像大丽花、美人蕉等都属于这一类。这些球根植物原产自亚热带和热带地区，在夏季和秋季都会开花。冬季其地面上的部分会枯萎。而夏季球根则包括娜丽花、欧亚甘草、生姜等。这些球根在种植了一个月以后就可以开花。其原产地一般是温带，抗寒能力都较强。10月左右种植，来年3月左右开花的就是秋季球根了。红番花、郁金香、百合等都是这一类球根的代表花卉，它们的抗寒能力都较强。但是，种植球根要在寒冷的天气到来之前就要完成。

移栽到花坛里

①一手握住花盆，一手轻轻地将花苗从花盆中取出来。注意要轻轻地按土壤，帮助其松开。

②在地面上挖一个比原来的花盆大两倍左右的坑，然后调整好根部的高度将花苗放到坑槽中。

③注意不要损害到根部，然后仔细填土，将根部压紧。

移栽到大花盆中

①在花盆底部铺上滤网，然后放入几个大石块，填上土壤，大概占花盆的一半。

②将原来花苗底部的土壤轻轻翻动，使其蓬松，去掉2~3cm的高度，确保植物根部的下方不会悬挂有土块。

③将植物放到花盆中，并且填土。需要保留距离花盆边缘2cm左右的空间方便以后浇水。

根据球根的种植时间分类

春季种植的球根	夏季种植的球根	秋季种植的球根
大丽花 美人蕉 朱顶红 剑兰花	娜丽花 欧亚甘草	海葵花 红番花 水仙 郁金香 鸢尾花

球根植物不同，新球根造型不同

在种植的时候，较大的球根要种植到比较深的土壤中，而较小的球根则不需要。具体的深度应该是球根高度的3倍左右。覆盖土壤的时候不需要太多，大概是球根体积的两倍左右即可。一般来说，可以参照以下的深度来种植。10cm以下：朱顶红、海葵花、花毛茛、葡萄风信子等。11~20cm：大丽花、风信子、郁金香、剑兰花等。20~30cm：落叶水仙、欧亚甘草、百合花等。球根之间的间隔大概是球根体积的3倍左右。

此外，不同的球根其生长新球根的方式也不同。

鳞茎：比较短小的茎秆上有许多鱼鳞状的新球根。这些鳞茎逐渐长大，然后分离出新的球根（郁金香、水仙、百合等）。

球茎：地下的茎部开始肥大，然后从茎部分离出一个球茎（剑兰花、红番花等）。

块茎：地下的茎部开始肥大，然后长出块状的新球根。最后原来的茎部开始萎缩，新的球根开始生长（海葵花、马蹄莲、凤尾花等）。

地下茎：茎部开始变粗之后，其地下的茎部开始发芽，最后长成一个新的球根（美人蕉、德国鸢尾花、紫兰等）。

块根：植物的根部肥大之后会出现块根。新的块根会与旧的块根一同生长（大丽花、花毛茛等）。

球根植物（郁金香）的生长过程

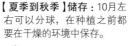

【夏季】休眠期：新的球根开始成长，可以将其挖掘出来。

【夏季到秋季】储存：10月左右可以分球，在种植之前都要在干燥的环境中保存。

【冬季】过冬期：冬季的低温对球根来说至关重要。

【春季】开花：球根内部开始准备形成新的球根。

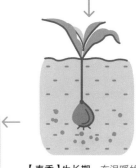

【初夏】球根肥大期：花朵凋谢之后，叶子会在枯萎之前继续进行光合作用，为根部提供养分，帮助新球根的生长。

【春季】生长期：在温暖的气候中，球根会迅速发芽生长。

球根的种植方法

球根的发芽需要合适的气温与土壤温度。掌握好开花时间来种植。

种植的时候，需要挖一个比球根至少大3倍的土坑。球根的种植位置因为品种不同而不同，种植之前就要确定好。

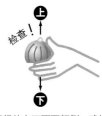

检查！ 上 下

注意球根的上下不要颠倒。球根与球根之间至少要有球根大小的3倍以上的间距。

种植场所

地面种植：在庭院或者花坛中直接种植的时候，需要挖一个比球根至少大3倍的土坑。

将同种类的球根分排种植，如果只种植两个球根会比较奇怪，最好种植3个。

花盆种植：花盆的大小和深度都有限，深度一般是球根的高度，间隔不需要太大。

郁金香

水仙

将球根放入到坑槽中，要选择排水性良好的土壤，同时在地面上立一个写了花名的小牌子。

培育的基础知识

培育花井的时候就像是养育自己的孩子一般，只有细心地照料，它们才会更加茁壮地成长。浇水、施肥、防御病虫害等，每天都有许多我们要仔细注意的细节。

土壤表面干燥之后足量浇水

培育植物的时候一定需要浇水。种植在地面的植物在浇水的时候不需要考虑太复杂的因素，但是在花盆中种植的植物就需要参考各种因素了。如果浇水不合适，花草就可能会枯萎。一般来说，当土壤表面干燥了之后就需要足量浇水。在土壤干燥之前就开始浇水的话，土壤会一直处于潮湿的环境中，那就有可能造成植物根部的腐烂。因为水分过多，根部就无法呼吸。植物的根部与我们一样，是需要呼吸的。相反，如果土壤过于干燥，那么植物还可能会枯死。

土壤干燥的情况根据季节、种植场所、植物的种类、土质、花盆等素材的不同而不同。因此，我们要根据土壤的实际情况来浇水。

浇水要趁"早"

朝阳地或背阴地、花坛或花盆，在不同的地方种植植物，其浇水的方法都是有所差别。在朝阳或者受到阳光直射的地方，其气温可能会上升很快。土壤中或者叶片中气孔会散发出大量的水分，因此我们浇水的时候一定要足量。如果在阳台上或者有强风的地方种植植物，更是会面临这个浇水问题，最好是在早晨到上午进行（尽量在上午10点以前）。

春天，植物的生长很快，因此需要的水分也较多，而冬天根据土壤的情况浇水即可。注意，不要在傍晚浇水。

开花期浇水不要浇在花上

地面种植的植物并不需要每天浇水，如果叶片较大的植物，在雨水不足的情况下可以稍微频繁浇水。在高温的夏天也需要定期浇水。

植物开花的时候需要的水分很多，注意不要将水直接浇到植物的花朵上，而是要浇到根部。如果浇水浇到了花朵上，那么就可能会伤害花瓣，更可能让植物出现霉变等症状。

● 浇水不同，生长不同

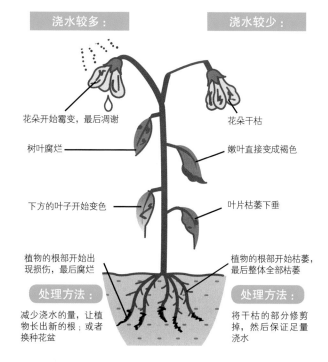

浇水较多：
- 花朵开始霉变，最后凋谢
- 树叶腐烂
- 下方的叶子开始变色
- 植物的根部开始出现损伤，最后腐烂

处理方法：
减少浇水的量，让植物长出新的根；或者换种花盆

浇水较少：
- 花朵干枯
- 嫩叶直接变成褐色
- 叶片枯萎下垂
- 植物的根部开始枯萎，最后整体全部枯萎

处理方法：
将干枯的部分修剪掉，然后保证足量浇水

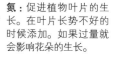

氮、磷、钾是肥料的三大元素

植物的必需元素大概有16种左右。其中，对植物来说最重要的是被称为"三大元素"的氮（N）、磷（P）、钾（K）。这些营养元素在土壤中并不多，需要定时补给才行。

■**氮（N）**：氮又称为"叶肥"。植物的叶片、根部、茎部的生长都离不开氮。如果氮不足，那么就会出现生长不佳的情况。可是，如果过量施加，叶片会长得很好，却不怎么开花。

■**磷（P）**：磷又称为"花肥"、"果实肥"。它可以促进植物开花、结果。如果花朵的长势不好，那就需要补充磷了。

■**钾（K）**：钾又称为"根肥"。它可以帮助植物根部的生长，如果钾不足，根部的生命力就会减弱，自然就无法提供给叶片和花朵所需的营养元素。而且，叶片的中心部分还会开始变为墨绿色，尖端部分或者边缘部分会变成黄色。

除了这三大元素以外，钙还可以中和酸性土壤，镁可以促进光合作用。市场上销售的肥料有时可以看到公式，例如：N–P–K=5–10–5，意思就是，其中的氮5%，磷10%，而钾5%。

植物需要的主要营养元素

植物需要的三大元素是氮、磷、钾。此外，钙、镁也很重要。

镁：帮助植物吸收磷，辅助光合作用。

磷：促进植物开花和结果。在花朵长势不好的时候添加。

钙：增强细胞组织的生命力，将光线等外部刺激传递给植物，促进植物根部的生长。

氮：促进植物叶片的生长。在叶片长势不好的时候添加。如果过量就会影响花朵的生长。

钾：促进植物根部的生长。如果不足就可能会影响根部生长，妨碍根部为叶片和花朵补充养分。

施肥要分时间

施肥根据时间一般分为两类，一个是原始肥料，一个是追肥。在种植植物之前将其混合到土壤中的就是原始肥料。一般来说，这样的原始肥料都具有较强的肥力，而且在时间的推移下慢慢发生效果，属于缓释性肥料。这一类肥料可以通过微生物的分解而慢慢被植物吸收，油渣、鸡粪等有机肥料都属于这一类。缓释性肥料的效果不会很快出现，需要一定的时间。许多颗粒肥料都是化学合成的。

植物在生长的过程中会慢慢吸收原始肥料中的养分，但是浇水的时候就会流失掉部分肥料，因此其效果会慢慢变弱。当养分不够的时候就需要追肥了。追肥又可以根据不同的时间继续分类。例如在春季植物发芽的时候施加的就是"发芽肥"，提升植物生命力的就是"成长肥"。在花盆中种植植物的时候土壤较少，自然就需要追肥了。

追肥的时候效果最明显的自然是速释性肥料。在家庭园艺中使用的时候，将速释性肥料放到土壤表面就可以展现出效果，

化肥的种类

速释性肥料	施肥之后立马就有效果，不过肥力不持久。	液体肥料	液体肥料分为直接使用的类型，以及稀释了之后使用的类型。
		普通化肥	氮、磷、钾的比例较低，一般不会出现烧根。
缓释性肥料	施肥之后需要一定时间才发挥效果，肥力持续较长。	缓释性原肥	水溶性较差，充分溶解之后再施肥，效果持续较长。
		固体肥料	颗粒状的肥料，在浇水的时候要缓慢，肥力持续时间较长。
		涂层肥料	在颗粒肥料上还有涂层，肥力持续时间很长。

而有的液体肥料需要用水稀释了之后再施肥。现在市面上有各种各样的肥料。如果施肥过多，反而会影响植物的生长，因此，需要适量施肥。

根据成分分为有机肥和无机肥

肥料根据成分可以分为有机肥和无机肥两种。一般来说有机肥与动植物相关，而无机肥是人工合成的。

■有机肥料

动植物制作成的堆肥、骨粉、油渣、鸡粪等都是有机肥料。油渣中的氮元素较多，骨粉、鸡粪里的磷元素较多。植物在发芽、生长、开花、结果的过程中需要一定的营养元素，因此需要将这些肥料混合起来使用。现在已经有搭配好的肥料了，使用起来很方便。

植物的营养元素是通过无机质的方式吸收的。有机肥料在土壤中分解为无机物之后，再慢慢地发挥效果。所以，有机肥一般不需要速效性。但是，它们内部积攒的养分很多，可以慢慢地发挥作用。

■无机肥料

无机质为主的肥料在工厂中可以人工合成。一般来说,其中的速释性肥料较多。有的是以天然矿物作为原料的。一般来说，速释性肥料比较多，肥料中还可能添加树脂、硫黄等，从而进一步延长其有效期。而且，无机肥没有什么异味。速释性肥料如果使用过多可能会造成植物的枯萎，要引起注意。

简单干净的无机肥

■无机肥的种类

○固体肥料

颗粒或者片剂的化肥就是固体废料。有的可以直接放到土壤上，有的需要在水中溶解了之后才能发挥效果。有的固体肥料适合所有的植物，而有的则是专门针对某一类植物。

同样是固体肥料，有的缓释性肥料的水溶性很差，有的在片剂上还包裹了一层涂层，可以更长期地发挥效果。

○液体肥料

有的液体肥料可以直接使用原液，有的则需要稀释了之后使用。稀释时，需要使用测量工具，正确掌握比例。现在，甚至已经出现了一些可以喷洒的肥料类型。

此外，市场上还可以买到一些增强植物活性的肥料。这些肥料都可以给花花草草带来营养，让其更加华丽，但说到底也只是辅助性肥料罢了。

需要三大元素的时期

植物在生长期和结果期需要氮，开花期需要磷，而钾在各个时期都需要。

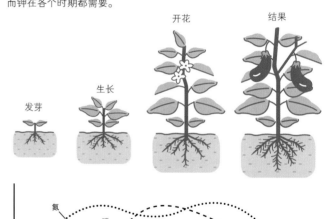

有机肥与无机肥

	原料	特征	使用方法
有机肥	油渣、草木灰、鱼粉、鸡粪、鱼骨等	微生物将肥料分解了之后就会发挥效果，所以往往需要一定的等待时间。这一类肥料一般属于原始肥料。过量施肥也不用担心会烧根	在种植植物的时候可以作为原始肥料或者追肥来使用。适合为树木或者果树追肥
无机肥	硝石、磷矿石、碳酸钙等原料合成的肥料	与有机肥料不同的是，无机肥料没有任何异味。有的无机肥具有缓释性，可以作为原始肥料使用。有的则易溶于水、易于吸收，是速释性肥料	肥料施加得过量可能会产生烧根的情况。特别是速释性肥料，更要引起注意

疾病的症状和处理方法

疾病名称	症状	对策
白粉病	植物的茎秆和叶片上出现白色的细菌，严重的时候叶片会干枯飘落	感染了白粉病的树叶需要立刻清除掉。此外，还需要彻底地施肥和浇水，将已经干枯或者飘落的树叶清除掉，保持土壤清洁，增加通风
煤烟病	叶片的表面出现类似煤烟一样的黑色斑点	蚜虫的排泄物可能会诱发此病，所以需要彻底地清除害虫，落叶也需要焚烧处理。石灰硫黄合剂播撒一到两次为宜
霉菌病	叶片或者叶片后面出现霉菌，霉菌完全成熟之后还会出现粉状的孢子	将发病的位置去除，通风。霉菌病的一种是红色的，在桧木等品种中可能会出现。所以，一般不要将其他植物种植在桧木周围
灰霉病	在花朵和叶片的褶皱处可能会出现灰霉病，最终产生褐色的斑点	灰霉病扩散得很快，所以出现症状的部分就要及时切除。在比较密集的地方，或者比较潮湿的梅雨季节，更要加强通风
霜霉病	叶片的表面会出现类似污垢一样的纹路，叶片背面会出现白色的菌斑	在初夏到秋季的时期，湿度较高，所以我们要加强通风、避免过密地种植。定期播撒驱虫剂可以有效预防霜霉病
软腐病	靠近地表的枯叶、茎秆、根部等都可能出现软腐病，最后完全腐烂，并发出恶臭	在发病之后要将植物连根拔除并烧毁，而且周围土壤也要重新填埋。一般在软腐病发病之后就不好治疗了，因此要加强通风和排水，预防其发生

虫害的症状和处理方法

疾病名称	症状	对策
甲壳虫	在叶片的背面、茎秆上出现甲壳虫，吸食植物的汁液，让叶片变黄	在甲壳虫成为成虫之前就要喷洒药剂，否则药剂将很难发挥作用。成虫可使用牙刷等将其去除掉
蚜虫	在新芽、花蕾、嫩芽、叶片背面可能会出现蚜虫吸食植物的汁液	在种植的时候可以在土壤中播撒一些颗粒药剂。叶片表面、茎秆上出现了绿色或者黑色的蚜虫之后可以用纸巾将其擦拭掉，然后播撒药剂
红螨虫	叶片的背面寄生，吸食植物的汁液，让树叶变得坑坑洼洼	干燥的地方容易出现红螨虫，所以要定期在树叶背面洒水来预防。可以使用不同种类的杀虫剂交叉喷洒
青虫	蝴蝶的幼虫吞噬叶片，甚至包括花朵和茎秆	春季和秋季多有发生。蝴蝶飞来的时候要注意它们是否产卵，如果发现了虫卵或者幼虫，就需要将其去除
毛虫	这与青虫比较类似，往往会吞噬植物，在夜晚还会吞噬花朵和叶片	春季和秋季多有发生，发现幼虫了之后就需要去除，并且播撒一些长效性的杀虫剂
蛞蝓	主要是吞食嫩芽和花蕾，以及嫩叶。所行之处会留下白色的脓液痕迹	可以在夜间去除，蛞蝓往往喜好啤酒和淘米水，也可以使用专业的杀虫剂或者片剂去除

病虫害

清理环境，防御病虫害

植物与人类一样，同样可能生病。一些不常患病的植物在长势不好的时候，很容易患病。一般是因为我们疏于照顾，所以植物的长势不好。或者是生长环境比较脏乱，细菌就聚集到了植物身上。此外，有可能是在购买的时候就已经患病了。甚至可能因为使用的土壤含有的细菌太多。如果发现病变的植物，就要立刻去除。情况严重的，那就需要将其连根拔除。

此外，植物还可能招惹害虫。春季和秋季，植物的生长速度很快，容易招惹害虫。因此，这个时间段要引起足够的注意。杀虫需要使用杀虫剂，而蔬菜、草药等需要入口的植物则不能直接喷洒杀虫剂，或者说根本就不能使用杀虫剂。在害虫数量尚少的时候就要处理。

冬季播撒石灰硫黄合剂可以防虫

■杀菌剂

当植物出现霉变、病变的时候，很可能是感染了细菌。杀菌剂可以预防疾病的发生，在发病的（位置）使用没有什么效果。所以，出现了病虫害就要用杀菌剂来防止其（从病变位置）扩散开来。在发现了病变之后，每隔7～10天就要重新喷撒一次杀菌剂。

■杀虫剂

对植物有害的害虫一般都是群居生活的，特别是在植物叶片的背面比较容易出现害虫。害虫长大了之后可能会对杀虫剂产生免疫，所以，要在它们还是幼虫的时候就要处理掉。冬天可以在庭院里播撒一些石灰硫黄合剂，将害虫的虫卵杀死。

庭院的管理

有了庭院，一年四季都需要进行管理。或许有的时候管理起来很困难，但对于园艺爱好者来说，这个过程正是园艺的乐趣所在。下面我们分四季来介绍一些基础的庭院管理知识。

春季 3~5月

春季的种植

在风和日丽的上午，我们可以开始种植植物啦！注意不要伤害到植物的根部。同种类的树苗和花苗如果差别太大，就要采用交叉种植的方式来排布。此外，还要思考植物与植物之间的间距。只要在植物的前后左右都保持合适的间距，那么植物生长的空间就得到了保证。

多年生植物需要移栽和分株

多年生植物每年都会生长开花。几年后，植物发出新枝却没有生长空间了，而且开花的情况也不佳。此外，过于茂密还可能造成湿度过大，最后诱发病虫害。因此，每3～4年就需要分株和移栽一次。同样的区域内不能连续种植同样的植物，最好换一个地方种植。移栽结束之后，需要在植物的周围施肥。

树苗和花苗的移栽

1 一手握住花盆，一手轻轻地将花苗从花盆中取出来。注意要轻轻地按压土壤，帮助其松开。

2 在地面上挖一个比原来的花盆大两倍左右的坑，然后调整好根部的高度将花苗放到坑槽中。

3 注意不要损害到根部，然后仔细填土，将根部压紧。

多年生植物的分株

1 叶色变黄的时候就是分株的时候。这时候需要高效地将茎叶切除（切除）。

剪

2 铲子深深地插入到土壤中，然后将整个植株一起挖出来。

3 用清水清洗植株，将植株向左右拉伸，分成2～3棵。

4 每一棵分株的植物都要带有完整的枝叶。分株之后要在原来种植地点以外的区域种植。

球根植物的移栽和分株

美人蕉、大丽花等植物在土壤中可以过冬，夏季又会继续开花。球根植物在3月中旬比较合适移栽和分株，而且可以直接分球。分开了的球根一定要带有嫩芽才可以存活。例如大丽花的球根，是在茎秆的下方开始长出新芽，所以分株的时候要包括茎秆一同分离。

球根的发芽需要一定的条件，合适的气温、土壤温度、日照时间等。种植的时候要多加考虑和注意。种植的深度、间隔等，也需要参照各种球根进行不同选择。

---- 春季播种 ----

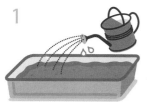

1 在土壤中铺洒泥炭藓，然后将其铺平，并在上面划出几道沟槽。

2 在沟槽中撒入种子，小种子需要放到纸片上再使用指尖轻轻敲打纸片洒到土壤里。

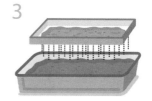

3 使用筛子将泥炭藓轻轻地铺洒在种子的上方。覆盖的量根据种子不同而不同。

4 为了保持湿润，需要在四角上备一个罩子，可以使用打湿的报纸等。在快干的时候，在上面再喷水湿润即可。

5 5～6天后确认种子开始发芽了就可以将报纸去掉，然后转移到阴凉的地方培育。

6 慢慢地增加它们晒太阳的时间，一般在叶片长出了2～3片之后就可以移栽到小花盆里了。

---- 移栽的方法 ----

1 种子长出了2～3片叶子的时候就可以移栽了，而用于移栽的小花盆在一周前就要保持干燥。

2 将幼苗放到培养皿上，注意千万不要损伤到根部。

3 移栽的时候用手指头在土壤中戳一个坑，然后将其幼苗放进去。

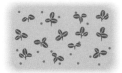

4 如果幼苗数量比较多，那么可以使用专业的培育箱。幼苗间一般间隔5cm左右为宜。

5 使用2号花盆（口径6cm）来移栽的时候，方法与步骤3相同。

6 移栽之后的一个月，当叶子长出5～6片的时候就可以移动到花坛或者庭院里了。

春季播种

春季播种的一年生植物一般来说要在每年的4月下旬到5月上旬播种。春季播种的时候，我们不必考虑到寒冷气候的影响，所以照顾起来也很方便。播种的时候可以在普通的盒子或者箱子里进行，在发芽之后再移栽到别的地方即可。

有的种子发芽不需要特别的土壤，在泥炭藓等辅助下就可以生长。大粒的种子外表可能有比较厚的皮，甚至还有一些绒毛，那么最好在水中浸泡一下，这样可以让其更快发芽。

春季播种的一年生植物的移植、移栽

4月播撒的种子在叶片长出了2～3片之后就可以移栽到小花盆里了。移栽之后，需要大量地浇水。之后的几天都要在半阴凉的地方培育，然后再移动到阳光充足的地方。两周之后就需要开始施加液体肥料，一周一次，在叶片生长到6～7片的时候就可以在庭院里种植了。当土壤表面干燥了就需要浇水。

在移栽的一周前，我们需要在移栽的地方将土壤混合腐烂树叶、堆肥等，让土壤和肥料充分搅拌以备用。

多年生植物的移栽

鸢尾花、菖蒲等植物在开花之后要去除其花瓣，比较大的植株则需要进行分株。此时，我们需要将新芽一同分株。木茼蒿、勿忘我等植物通过插种的方式就可以繁殖了，事先要准备好营养土。

球根植物开花之后的管理

郁金香、水仙、风信子等球根植物在春季开花，秋季到来年春季会继续成长开花，可是在夏季又会休眠。在开花结束之后，为了让球根很好地生长，我们要将凋谢了的花朵摘下来，然后追加一些速释性的液体肥料。

庭院树木的移栽

庭院树木在移栽的时候，落叶树木要选在12月到来年2月，而常绿树木要选在3月左右。树木要连根拔起，横向的根可以适当去除，然后慢慢往下挖。最后把主根的深处隔断就可以将整棵树拔出来了。落叶树木短时间没有土壤也不会枯萎，但是常绿树木在运输的过程中需要将其根部包裹起来。干燥的季节空气也很干燥，所以操作的时候一定要迅速。

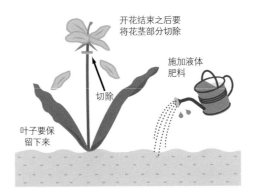

开花结束之后要将花茎部分切除

施加液体肥料

切除

叶子要保留下来

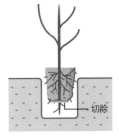

根部干燥了之后就会让植物的存活率下降，所以动作一定要快。

切除

摘花与管理

花朵凋谢之后，我们如果不加管理，那么植物就会开始结果，最终影响到整体花卉的健康。或者有的花瓣还会腐烂，然后诱发病虫害。摘花的时候要细心。红番花等花卉的花朵较小，需要将花茎一同摘除。春天气温可能会迅速上升，所以土壤也可能很快就干燥了。容易干燥的地方要时刻检查土壤和花草的状态，不要忘了浇水。

插种的方法

繁殖庭院树木的一种方法就是插种。插种的时候首先需要在茎秆上长出树根，然后再将其切除移栽。

每年4月左右植物就开始长新芽了，一直到梅雨时节为止。首先，在需要切割的枝干周围，将大约是枝干直径1.5倍宽度的树皮去掉。这个部分是比较容易长出树根的部分，特别是在树枝分叉的下方。之后将上部分的树皮底部稍微划出几道痕迹，这样可以帮助其长出树根。

然后使用红土涂抹这部分，之后再包裹已经浸泡了清水的苔藓、泥炭藓等，最后使用塑料袋包裹起来，防止水分挥发。有的时候，我们还需要去掉塑料袋来补充水分。在树皮上长出了树根之后，将苔藓等全部去掉，使用圆锯等不会伤害到根部的工具将枝干切割下来。在保持根部完整性的同时，将其移栽到花盆里。等到根部进一步发育了之后再移栽到庭院里。

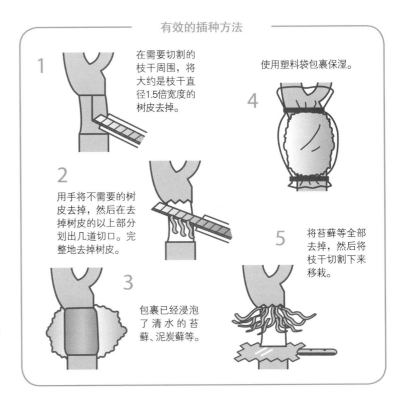

有效的插种方法

1 在需要切割的枝干周围，将大约是枝干直径1.5倍宽度的树皮去掉。

2 用手将不需要的树皮去掉，然后在去掉树皮的以上部分划出几道切口。完整地去掉树皮。

3 包裹已经浸泡了清水的苔藓、泥炭藓等。

4 使用塑料袋包裹保湿。

5 将苔藓等全部去掉，然后将枝干切割下来移栽。

夏季

6~8 月

打造夏季花坛

当春季开花的花草开花的数量越来越少的时候，我们就可以开始种植夏季花草了。花苗可以在4 ~ 5月的时候开始播种，然后在小花盆中培育之后再进行最后的移栽。这个时期内，我们可以在许多的园艺商店看到各式各样的花苗，选择已经带有花蕾的花苗即可。

在移栽的一周以前我们就需要开始改良土壤了。选择一个晴天，将长势较弱的花草和杂草都拔除，然后在1m³土壤里混合100g的石灰和腐烂树叶、200g的化肥等，充分搅拌。

多年生植物的移栽

桔梗、半边莲、粉叶玉簪等多年生植物需要在夏季移栽。德国鸢尾花、菖蒲等在分株之后，都需要在别的排水性较好的地方种植，而且不能种得过深。而海棠花等如果从花盆的底部已经看到根部了，那就需要移栽到更大的花盆中了。此时，要注意不要损害到植物原来的根部。

春季开花的球根

郁金香等春季开花的球根在开花结束之后的一个月内叶片就会变黄，此时就可以将其挖出来了。在梅雨时节，由于湿气较重，所以比较容易伤害到球根。挖出来的球根在阴凉的地方干燥，等到秋天再种植，在此之前都要保持阴凉。品种不同，管理方法也不尽相同。

为了秋季而播种

秋季播种的种子与春季播种的种子相比，萌芽率会低一些。所以，我们必须要把握最佳时期。秋季开花的波斯菊、一年生的向日葵等在7月之前就需要移栽。6月种下的鸡冠花等在这个时候还需要摘心帮助花朵发育。冬牡丹也在这个时候播种。

插种

将种子搜集起来播种的方式，从发芽到开花所需时间较长。因此，我们仍然可以采用插种的方法来繁殖，早日享受花朵的美艳。一些无法通过种子繁殖的植物也可以通过插种来繁殖。山茶花等植物在6月上旬到8月上旬可以插种，而绣球花要在6月到7月上旬插种。如果日光过于强烈，那么植物就可能枯萎。所以，插种最好选择在比较明亮的阴凉处进行。

● **适合在夏季种植的花草**

* 欧蓍草 　　 * 皇帝菊
* 六出花 　　 * 矮牵牛花
* 同瓣草 　　 * 羽扇豆
* 凤仙花 　　 * 半边莲
* 鸡冠花
* 千日红
* 长春花
* 马鞭草
* 马齿苋

叶片变黄之后就可以将球根挖出来

挖出来的球根在阴凉的地方干燥，并保持阴凉。

● **适合秋季的花草**

* 藿香 　　 * 矮牵牛花
* 凤仙花 　　 * 万寿菊
* 桔梗 　　 * 皇帝菊
* 非洲菊
* 彩叶草
* 百叶草
* 千日红
* 大丽花
* 蝴蝶草
* 赛亚麻

插种的方法（以山茶花为例）

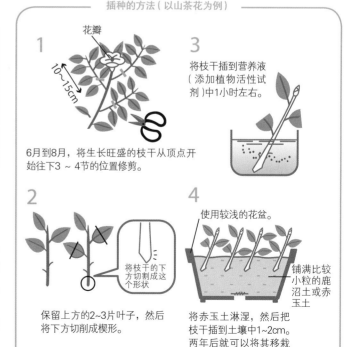

花瓣

1 10~15cm

6月到8月，将生长旺盛的枝干从顶点开始往下3 ~ 4节的位置修剪。

2 保留上方的2~3片叶子，然后将下方切削成楔形。

将枝干的下方切割成这个形状

3 将枝干插到营养液（添加植物活性试剂）中1小时左右。

4 使用较浅的花盆。

将赤玉土淋湿，然后把枝干插到土壤中1~2cm。两年后就可以将其移栽到庭院里了。

铺满比较小粒的鹿沼土或赤玉土

秋季

9~11月

* 冰岛罂粟
* 满天星
* 金鱼草
* 甜香雪球
* 香豌豆
* 非洲波斯菊
* 三色堇/蝴蝶花
* 羽扇豆
* 半边莲

为了春季而播种

有的在春季盛开的花朵在秋季就可以播种了。在下霜之前，植物可以充分地生长，为过冬储备必需的养料。此外，秋季播种的花草一般是产自温带地区的，所以，不经过一次寒冷天气的洗礼，它们无法茁壮成长。发芽的温度一般是15 ~ 20℃，计算好时间就要抓紧播种。

播种之后要注意不能过于干燥，土壤的表面干燥了之后就可以浇水了。

应对台风

为了应对台风，我们首先要观察树木是否有过长的树枝等，要将这些比较容易在台风中被折断的树枝从枝干的根部剪掉。此外，我们还可以为树木添加支架等来辅助其生长，使用绳索将其枝干固定到支架上。而一些比较轻的物品也要整理好，以防被吹得满天飞。台风过后，被吹落的枝叶都需要清理，此外，还需要播撒杀菌剂来防止病虫害。

球根的管理和移栽

10月左右，大丽花、剑兰花、朱顶红等春季种植的球根叶片就开始变黄枯萎了，这时需要尽早将它们挖掘出来。使用铲子挖掘的时候不能伤害到根部。水仙、郁金香、风信子等春季开花的球根，可以在12月前移栽。加入原始肥料，在阳光充足的地方继续培育。

多年生植物的移栽

铃兰、紫兰、勿忘我等春季开花的多年生植物在这个时期可以分株和移栽。移栽的时候要选择与原始种植地不同的区域，种得较浅即可。日本菊、小雏菊等菊科植物在这个时期移栽比较合适。

移栽之后，我们要将花朵摘下来，然后追肥管理。

防寒措施

秋季播种的植物或者移栽的植物需要使用塑料袋来覆盖，确保它们不受寒风和冰霜的伤害。有必要的话，还需要使用一些肥料、茅草或者稻草将植物覆盖住，从而让植物不会受到伤害，这样做还可以保证土壤的湿润。

在土壤中加入过磷酸钙或者草木灰可以提升植物的抗寒能力，然而在寒冷的时期也仍然需要适量浇水。

球根的挖掘方法

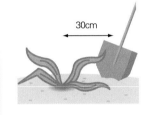

30cm

1

在三分之一的叶片都变成黄色的时候，可以将其与周围直径30cm范围内的土壤一同用铲子挖出来。

2

挖掘出来的球根要用清水清洗干净，最好使用一点杀菌剂来浸泡消毒。

新球根　　旧球根

3

要在枝干等不需要的部分切除之后再干燥，而且不同的球根有不同的分球方法。此后，我们就可以移栽或者保存了。

覆盖土壤

使用稻草、茅草等　　　　使用塑料袋

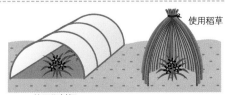

覆盖植物

使用稻草

使用塑料棚

冬季 12月至来年2月

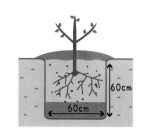

种植玫瑰

玫瑰的种植要在11月下旬到12月下旬进行，而花苗一定要选择根部已经比较茂密的。在朝阳的环境中，挖一个直径大约60cm的土坑，然后在里面混合堆肥和化肥等。根据花苗的大小，填土的时候，要保证花苗根部的均匀。

在完全填好土壤之后要将其压紧，然后浇水。为了不让水分影响植物的生长，浇水的时候要浇在沟槽里。3月到了就要将多余的土壤去除，然后让地面保持平整。

庭院树木的原始肥料

这个时期施肥的肥料可以让树木在接下来的一年内健康生长，特别是在新的根部长出来之前施肥最有效。而且，原始肥料的持续时间都很长，油渣、牛粪、骨粉等有机肥以及缓释性肥料都可以。

施肥的时候，首先在树木的周围（不要超过树木的宽度）挖一个面包圈一样的坑槽。然后在其中加入肥料，最后再将土壤覆盖上去。这样做或许会伤害到植物的部分根部，不过冬季植物正在休眠期，所以不会有什么大碍。

设计种植一年生植物的计划

一年之计在于春，而在园艺方面，一月正是设立计划的时候，可以计划从早春到冬季的全部种植事项。树木、多年生植物、一年生植物、重点植物等，我们可以对植物进行多个分类，然后再思考如何搭配它们。到园艺商店拿一份植物的鉴赏图，或者参考园艺类杂志就可以获得许多灵感，最终制定一个合适的方案。

除了植物以外，我们还可以把需要的肥料、工具等一同列举好。

驱赶害虫

冬季害虫与植物一样都进入了休眠期。这可是驱赶害虫的好时机。干枯的树枝、病变的树枝要切除，并且还要保证彻底。此外，干枯的花草要连根拔起，落叶搜集起来之后要烧掉，这样害虫就没有藏身之地了。

此外，使用石灰硫黄合剂也可以有效地将害虫虫卵、病原菌等去除。到了春季，再播撒这些杀菌剂的作用就不太明显了。不过，这个时候去除甲壳虫等很适合。

准备春季的花坛

春季的花坛在2月份左右开始准备即可。首先需要将土壤挖出来30cm左右深，然后将土壤里的小石块、植物残留的根等去除，最后将土壤蓬松。

土壤基本蓬松了之后将有机肥（堆肥、腐烂树叶、牛粪等混合物）搅拌在土壤里，1m³土壤大概混合一桶肥料。然后抓三把油渣、一把骨粉均匀地撒到土壤里，再继续搅拌均匀。此外，可以用缓释性化肥来替代油渣和骨粉，1m³土壤用200g左右即可。肥料需要一个发酵的过程，一个月以后再进行种植最佳。因此，改良土壤要提前一个月。

●一年生植物分季节列表

早春	三色堇、蝴蝶花、报春花等
春季	甜香雪球、金鱼草、勿忘我、沼花、黄紫罗兰、雏菊、香豌豆等
初夏	金鱼草、黑种草、矢车菊、麦仙翁、龙面花、加利福尼亚罂粟等
夏季	矮牵牛花、喇叭花、长春花、向日葵、牵牛花、松叶牡丹等
秋季	蝴蝶草、万寿菊、波斯菊等
冬季	叶牡丹等

●制作营养土

将基本土壤用筛子筛一下准备好，然后在其中加入腐烂树叶、粗砂、肥料等搅拌均匀，静置发酵。

基本土壤　腐烂树叶　粗砂　肥料

剪枝的方法

Enjoy
Gardening

为了保持树形的优美，为了让花朵更艳更实更丰硕，我们需要定期为植物剪枝。剪枝可以增强通风和日照情况，让植物生长得更加旺盛。我们可以雇佣专业人员剪枝，也可以自己享受园艺的乐趣。

不需要的枝干类型

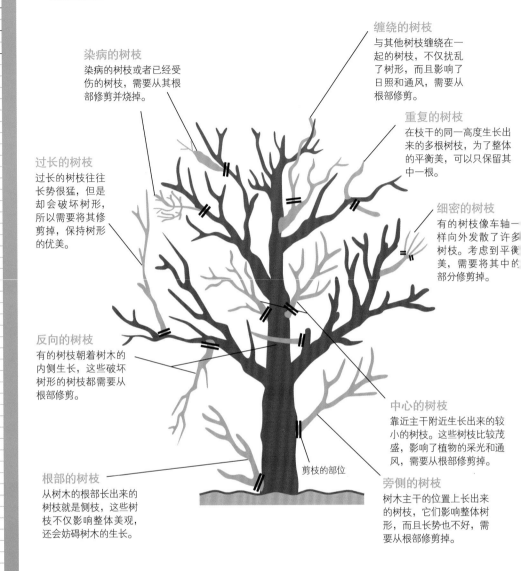

缠绕的树枝
与其他树枝缠绕在一起的树枝，不仅扰乱了树形，而且影响了日照和通风，需要从根部修剪。

染病的树枝
染病的树枝或者已经受伤的树枝，需要从其根部修剪并烧掉。

重复的树枝
在枝干的同一高度生长出来的多根树枝，为了整体的平衡美，可以只保留其中一根。

过长的树枝
过长的树枝往往长势很猛，但是却会破坏树形，所以需要将其修剪掉，保持树形的优美。

细密的树枝
有的树枝像车轴一样向外发散了许多树枝。考虑到平衡美，需要将其中的部分修剪掉。

反向的树枝
有的树枝朝着树木的内侧生长，这些破坏树形的树枝都需要从根部修剪。

中心的树枝
靠近主干附近生长出来的较小的树枝。这些树枝比较茂盛，影响了植物的采光和通风，需要从根部修剪掉。

剪枝的部位

根部的树枝
从树木的根部长出来的树枝就是侧枝，这些树枝不仅影响整体美观，还会妨碍树木的生长。

旁侧的树枝
树木主干的位置上长出来的树枝，它们影响整体树形，而且长势也不好，需要从根部修剪掉。

剪枝来保持树形

　　过长的树枝、不需要的树枝等，会从树木的主干或者枝桠中生长出来，为了保持树木的造型，我们需要把它们修剪掉。这样的剪枝方式是为了保持树形，所以不算是大型的剪枝。剪枝的时候，可以参照上图的标示，根据不同的情况来修剪。

　　每年剪枝的时候，可以参照前一年剪枝的位置。一般从树木最高的部分开始，然后往下进行。一般树木的上方需要大量的修剪，而下方则比较少量。剪枝可以整理树形，也可以让花朵更好地盛开，同时发现了病虫害还可以及时处理。

　　剪枝的时候，我们可以使用园艺剪刀。如果比较粗大的枝干则可以直接使用锯子等。

剪枝的方法

●从关节处修剪

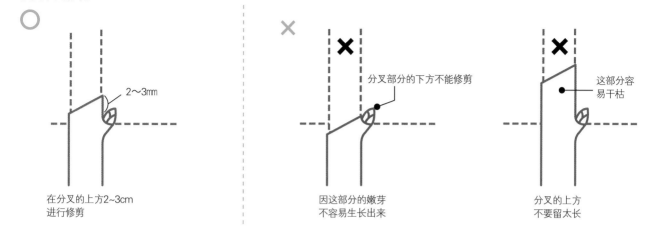

2～3mm

在分叉的上方2~3cm
进行修剪

分叉部分的下方不能修剪

因这部分的嫩芽
不容易生长出来

这部分容易干枯

分叉的上方
不要留太长

●粗大树枝的剪枝方法

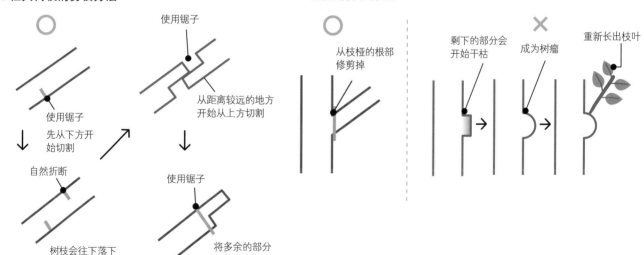

使用锯子

先从下方开始切割

自然折断

树枝会往下落下

使用锯子

从距离较远的地方开始从上方切割

使用锯子

将多余的部分去掉

●枝桠的剪枝方法

从枝桠的根部修剪掉

剩下的部分会开始干枯

成为树瘤

重新长出枝叶

在修剪较粗的树枝的时候，我们可以按照上图的示范，从下方开始使用锯子，然后切割了部分之后再从上方使用锯子。这样，枝干自动就折断了。

要想展现自然的树形，那我们就需要将修剪的痕迹掩藏起来。有时还要注意向内生长的树枝。如果有枝桠的嫩芽已经在朝着反向生长了，那就可以一并修剪掉。

一些从主干（树木的骨骼）或者旁支生长出来的很长的树枝也需要修剪，不然会直接影响整体的效果。修剪的时候要从枝桠的根部进行。

落叶树木在冬季剪枝，常绿树木在春季和秋季剪枝

剪枝的时间要根据树木的品种来决定，但一般来说，落叶树木要在11月到来年3月剪枝。落叶之后，我们可以更清楚地看到枝桠的生长情况。而常绿树木则需要在3 ~ 6月，或者9 ~ 11月的期间剪枝。此外，我们在5 ~ 7月也可以给落叶树木剪枝。一般这个时期是树木最具活力的时候，所以哪怕是比较大型的剪枝也没有问题。可是，如果剪枝过度可能会造成植物的枯萎。

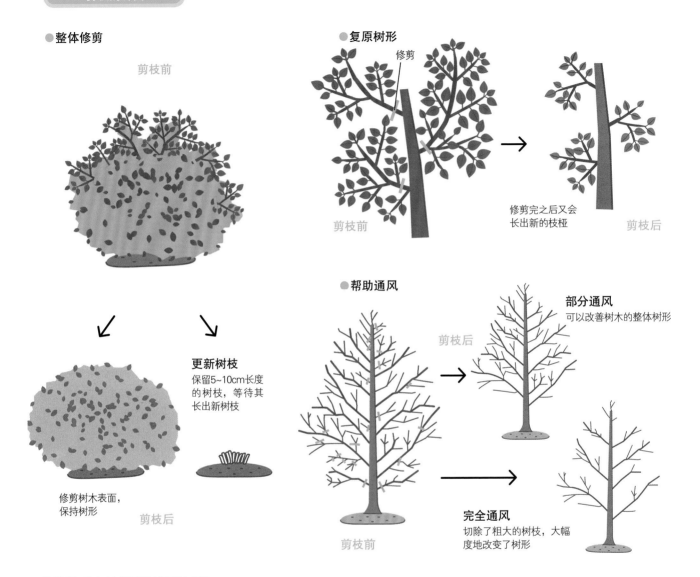

●整体修剪

剪枝前

●复原树形

修剪

剪枝前

修剪完之后又会
长出新的枝桠

剪枝后

更新树枝

保留5~10cm长度
的树枝，等待其
长出新树枝

修剪树木表面，
保持树形

剪枝后

●帮助通风

部分通风

可以改善树木的整体树形

剪枝后

剪枝前

完全通风

切除了粗大的树枝，大幅
度地改变了树形

剪枝的重点就是要复原其树形

　　剪枝的目的有许多，例如复原树形、帮助通风、整体修剪等。一般来说，在树木长大了之后，树枝长长了之后，我们剪枝的主要目的是恢复其树形。我们提到剪枝，基本都是这个目的。这一目的的剪枝可以保留枝桠的根部，在那个位置可以重新长出新的枝桠。

　　而帮助树木通风的剪枝则是将树枝从其根部修剪掉，这样可以让树枝与树枝之间有一定的空隙，从而使通风更加方便。而且还可以透过树木观看到其他风景。这样的剪枝方式可以让树木整体焕然一新。

　　最后一种整体修剪的方式是将从地面上长出来的新树枝修剪掉。当树枝过多，及树木之间的距离较近的时候，我们需要使用这种方式来增加其间距。一般这样的情况是在修剪围栏植物的时候才会遇到，使用园艺剪刀修剪两三次就可以了。

　　对于完全没有园艺尝试的园艺爱好者来说，剪枝或许有点困难。这时，我们可以聘请专业的园艺师傅来修剪，然后在一旁观察他们是如何修剪的。

●欧丁香的剪枝方法

在枝叶繁密之后剪枝

花芽（花蕾）

叶芽

修剪

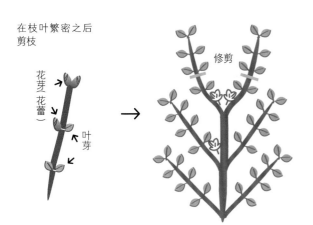

●梅花的剪枝方法

叶芽

修剪

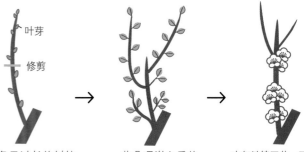

冬天过长的树枝上不太容易长出花芽

花朵凋谢之后的状态

来年继续开花，开花前需要将过细的不需要的树枝修剪掉

●樱花的剪枝方法

树干的部分不能修剪

较细的树枝也不能从中间修剪

其他树枝要从根部修剪

粗壮的树枝要从根部修剪

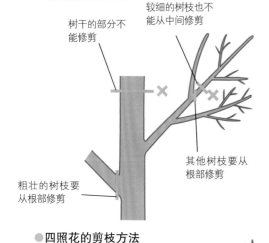

●海棠的剪枝方法

修剪

修剪

花芽

秋季和冬季进行剪枝。当年长出来的枝桠上会发出花芽

●四照花的剪枝方法

花芽

叶芽

不能从树枝的中间开始修剪

在分叉处以上的部分开始修剪

从枝桠的根部修剪

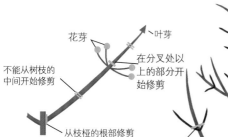

较高的树枝可以将分叉的部分修剪掉

过长的树枝等可以将分叉的部分修剪掉

●木瓜树的剪枝方法

从主干长出来的过长的树枝、缠绕在一起的树枝需要修剪掉

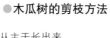

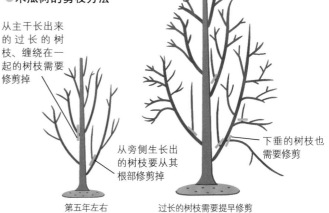

从旁侧生长出的树枝要从其根部修剪掉

下垂的树枝也需要修剪

第五年左右

过长的树枝需要提早修剪

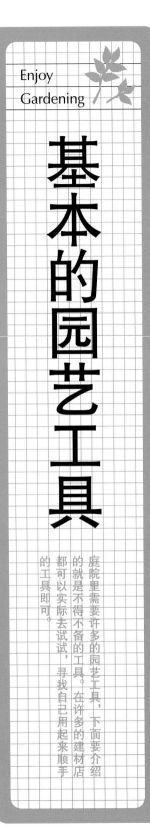

基本的园艺工具

庭院里需要许多的园艺工具，下面要介绍的就是不得不备的工具。在许多的建材店都可以实际去试试，寻找自己用起来顺手的工具即可。

尖铲子

这种铲子的前端是尖的，哪怕是坚硬的土壤也可以插进去，而且挖掘起来也比较轻松。有的尖铲子的顶端还带有锯齿状，在移栽大型植物的时候可以用来去除多余的根部等。选择要点就是，材料要不锈钢的，不过，假如用这个铲子来搬运土壤的话就太重了。如果能找到铲子内部是中空的类型就能轻松许多。

方铲子

四角的方铲子面积较大，在搬运土壤的时候比较好用。

移栽花铲

在移栽的时候需要挖坑和松土。这样的移栽花铲用途很广，而且手柄与铲子之间有一定的角度，在挖掘植株的时候很方便。

除草铲

杂草的繁殖能力和生命力都很旺盛。除草的工具很多，不过其中最方便要数除草铲了。一般除草铲的顶端分为两部分，我们可以将茎秆或者根部夹住，然后使用杠杆原理轻松将杂草挖出来。

单手锄头

在庭院里工作的时候有时需要疏松土壤、移动堆肥等。这种锄头可以单手使用，很方便。

园艺叉

在移栽植物的时候，使用很方便的一种工具。其可以保护好植物的根部和球根，然后快速地将植物挖出来。此外，还可以用来除杂草等。

小耙子

播种、移栽花苗的时候，我们都可以使用小耙子来疏松土壤等。其尖端处比较坚固，可以用来压碎土块。现在市场上也可以买到许多小尺寸的耙子，在狭小的空间中使用很方便。

盛土铲

将花苗移动到花盆中，或者移栽的时候使用盛土铲很方便。盛土铲虽然不大，但是一次可以盛放的土壤比我们想象的要多。在植株与植株之间填土的时候使用盛土铲也很方便。

洒水壶

浇水的必备物品。购买的时候我们可以做出浇水的动作，检查使用起来是否方便。洒水壶在装满水之后变得很重，所以，使用是否方便至关重要。在比较宽的地方浇水适合使用壶嘴上扬的，在比较狭窄的地方浇水适合使用壶嘴向下的。此外，壶嘴向上的洒水壶一般水流都比较轻缓，不会伤害到较小的花苗。

筛子

配合不同的植物需要使用不同类型的土壤颗粒。有的土壤在第二次使用的时候其中残留了一些干枯的植物根部和垃圾等，通过筛子就可以将这些杂质筛除掉。现在市面上还有可以调节筛孔大小的筛子。

水管箱

水管箱体积较小，而且很轻，使用起来很方便。它可以用来收纳水管，可以装满整个水管箱。此外，上面的喷嘴和喷气孔可以用来调节水量等。

长剪刀

使用长剪刀剪枝就不用梯子了，不管是剪枝还是收获果实都更安全了。现在的长剪刀很轻，握起来也比较容易，操作起来很安全。

园艺剪刀

园艺剪刀可以在剪枝的时候使用，基本上庭院里需要修剪枝条的时候都可以用到它。特别是在为树木剪枝的时候，园艺剪刀都特别好用。这种剪刀一般都很锋利，选择顺手的即可。

植树剪刀

在进行一些比较细微的操作的时候可以用到这种剪刀。特别是在修剪一些断口直径在1cm左右的细小枝桠的时候很好用。将手指头穿过剪刀中间的环，然后稍微用力就可以了。剪枝的时候，我们当然可以使用专业的园艺剪刀。不过，园艺剪刀留下的痕迹往往都比较明显，而植树剪刀的切痕则要细小许多。

园艺围裙

这是一款贴身的围裙，可以在进行一些园艺操作的时候佩戴。围裙在腰部位置还有一些可以用来悬挂小工具的挂钩，操作的时候很方便。

园艺手套

为了防止手部受伤，我们在庭院里工作的时候可以佩戴手套。现在手套的素材和颜色都越来越多了，选择起来比较轻松。

长剪刀

园艺围裙

园艺手套

筛子

方铲子

尖铲子

水管箱

洒水壶

小耙子

移栽花铲

园艺剪刀

植树剪刀

盛土铲

园艺叉

单手锄头

除草铲

基本的园艺工具

不得不知的 园艺术语

园艺工作中会使用到许多术语，如果不了解这些术语的话，就没有办法很好地掌握花草树木的习性，更难以培育它们。下面为大家甄选的这些词汇都是使用频率最高的术语。

● **亮眼之处**

庭院里最关键的位置上摆放一些喷水池、装饰物等。

● **大门**

实际上从门口到玄关的这个区域都可以称之为大门。铺设砖块或者石块可以增加情趣，也可以在道路两侧摆放花盆，种植花草。

● **育苗**

为了培育出健康的花苗，在植物长出了幼苗之后进行特别的管理。特别照顾的过程，常常可以使用育苗箱等。

● **一年生植物**

播种之后一年以内完成开花、结果到枯萎整个过程的植物。有的植物在原产地是属于多年生植物，到了其他地区就可能成为一年生植物了。这样的情况，我们也统称为一年生植物。

● **一季开花植物**

一年只在特定的季节开花的植物就是一季开花植物。玫瑰原本是属于一季开花的植物，现在已经有越来越多的品种可以一年四季持续开花了。

● **移栽伤害**

在移栽植物的过程中，植物的根部会减缓生长速度和活性，从而出现短时间的生长滞后。

● **F1第一代杂交**

将两种品种进行杂交，然后生长出来的种子就属于第一代杂交的产物。这种植物一般利用了其基因优势，所以具有抵抗病虫害的能力。其花色和形状一般都比较特别。

● **块茎**

植物的底部，特别是地下茎的部分开始肥大，用来储存养分的部分。

● **化肥**

化学合成的肥料，一般是颗粒状的。化肥中含有丰富的氮磷钾，所占比例在10%以上。有的化肥中氮、磷、钾的含量在30%以上，这样的称之为高纯度化肥。

● **植株**

根部生长出来的主要树干就代表一棵植株。有的根部长出不止一根主干，而通过分株的方式可以将这样的植物分成几部分，从而获取更多的植株。

● **分株**

这是植物的繁殖方法之一。主要是在多年生植物中才会用到的一种繁殖方法。在植物的生长期结束之后，或者在生长期开始之前，将植物分隔开来再次种植。这样做可以避免植株因为过于大型而老化或者花卉长势不好。一般几年分株一次即可。

● **寒肥**

植物休眠的时候，例如在冬季施加的肥料就是寒肥。春天以后植物就开始生长了，那就需要添加一些缓释性肥料，例如堆肥、油渣、鸡粪等。

● **整理树形**

植物在生长过程中树形可能会散乱，或者有的树枝已经不在开花了。这样的情况我们就可以整理树形，增加通风，让新芽继续生长。

● **覆地类植物**

指的是可以覆盖在地面上生长的植物。不仅是覆盖地面，还可以防止土壤干燥和水土流失，也可以让杂草没有生存的空间。芝樱花、筋骨草等都属于覆地类植物。

● **针叶类植物**

针叶类植物的总称。针叶类植物分布在世界各地，种类众多。有的是圆锥状的，有的是圆柱体形状的，还有的是覆盖在地面生长的。其色彩也很丰富，喜好阳光充足且排水良好的环境。

● **插种**

将植物的茎部截取部分，然后在含有肥料的赤玉土、鹿沼土中进行繁殖，让茎部长出须根的方法。一般来说常绿植物在7月份可以插种，而落叶植物在2~3月份可以插种。花草的插种也可以称之为插芽。

● **野草**

原本指的是在野外生长的植物，从花草到小型灌木都算这一类。其中还有在高山地带和寒冷地区生长的野草，这一类野草也可以称之为高山植物。

● **主要树木**

是庭院中最展现庭院风格的树木，也是庭院的主角。树木的种类可以根据其生长的情况和树形等来选择。

● **剪枝**

为了调整树木的形状和枝干，或者只是单纯地想要减少枝桠而修剪树木的过程就是剪枝。剪枝又分为许多的目的，有的是为了通风，有的是为了保持树形，有的则是完全修剪掉植物地面的部分。

●耐阴性

在阳光较弱的地方也可以生长的特性。常春藤、印度橡胶树都具有这个特性，它们虽然喜好阳光，可是在背光的地方仍然可以生长。其中有的植物特别喜好背光的地方，例如非洲紫罗兰等，这些植物也可以称之为喜阴植物。

●高植

所谓的高植就是让植物的上部分高于地面，可以通过调整土壤达到这个目的。这样做可以增强其排水性。

●追肥

植物的生命周期开始之后就慢慢消耗原始肥料的养分了。当养分不足的时候，就需要使用化学肥料，例如以液体化肥等来补充，这些速效性的肥料就是追肥。

●定植

在培育幼苗的时候，我们可以在育苗箱或者育苗床上培育。把这些幼苗移栽到最后的固定场所的过程就是定植。球根植物一般直接种植在所需的位置，这就是定植。而一些植物的根部完全生长开了，也可以称之为定植。

●摘心

剪枝的一种方式，将植物的顶端的嫩芽修剪掉。这样可以促进植物长出更多的枝桠，促进其开花结果。在摘心之后，植物的枝桠更多了，自然就更茂密了。摘心

在部分地区也称之为取芯。

●翻土

将花坛或者花盆的表面土壤和底层土壤翻转的方法。植物种植了一段时间之后，其表面土壤中的微量元素就减少了，而病虫害的发生几率也增加了。每隔几年都需要这样翻土一次。冬天这样做还可以有效地去除害虫。

●过长树枝

肥料不足、种植过密、阳光不足、高湿度、高温等原因的影响下，植物的树枝就可能出现过长的情况。过长的树枝抵御病虫害的能力较弱，而且也缺乏光泽。

●两年生植物

播种之后在一到两年的时间内完成开花、结果、枯萎的植物。风铃花、洋地黄等都属于这个类型的植物。最近，许多两年生植物已经被改良成了一年生植物，加快了其开花的速度。

●卷根

移栽树木的时候，可以使用麻绳或者麻袋将树木的根部卷起来，然后再用绳子缠绕固定。这样做是为了保护植物的根部。

●摘花

花朵凋谢之后，将凋谢的花朵和花瓣摘下来的过程就是摘花。这样做除了可以保持花卉整体的美观以外，还可以阻止植物结果，从而把更多的养分输送给正在开放的花朵，增加开花的数量。此外，干枯的花朵可能会诱

发病虫害，在花朵凋谢了之后就要尽早将其摘除。

●烧叶

在强烈的阳光照射下，树叶的一部分可能会干枯。如果在太阳处于较高位置的时候浇水，水滴可能会被阳光加温，最后造成树叶干枯。浇水一定要在清晨或者傍晚进行。

●烧根

当施肥量超过土壤的容量的时候，或者肥料的浓度过大的时候，植物的根部就可能会被烧伤，影响植物整体的生长。在土壤容量有限的花盆中容易出现这种情况。

●覆土

播种之后在上方轻轻地覆盖一层土壤的方式。有的种子具有厌光的性质，所以在光线下不会发芽。而有的种子发芽则需要光线，这一类种子就不需要覆土了。

●挖掘球根

在花期结束之后，我们可以将球根从土壤中挖出来。当球根植物的叶片变成黄色之后，我们就可以将其挖出来。然后取出多余的土壤和根部，到下一个生命周期开始之前将其放在通风的地方保存。

●间种

有的植物的枝叶比较繁茂，所以种植的时候需要将其枝叶去掉一部分。从而增加受光面积，保持通风。这样做可以保证幼苗和枝叶的健康生长。

●密植

在花坛中种植植物的时

候可以比较紧密地种植植物。不过，这样做并不太利于植物的生长。

●多重花瓣

花瓣的数量与植物种类有关。有的花瓣比较多，重叠在一起，这样的情况就称之为多重花瓣。玫瑰、绣球花等都属于多重花瓣的品种。

●有机肥料

油渣、鱼骨、鸡粪、骨粉等从动植物中提炼出来的肥料就是有机肥料。有机肥料在土壤中微生物的分解下会慢慢地释放出养分。有机肥往往有一些味道，不过其含有氮磷钾以外的许多营养元素，而且不会对植物造成伤害。

●牵引

将藤蔓类植物的茎叶牵引到支柱或者支架上生长，这样可以调整其整体的造型。我们在一些西式庭院中可以看到一些用植物做出的雕像就是利用牵引的原理。而玫瑰、威灵仙花等植物也具有藤蔓类植物的特性，所以也可以牵引。不过，如果牵引过度可能会让植物折断。

●连续种植损伤

在同一个地方每年都种植同样的植物的话，就可能会影响其生长，这就是连续种植损伤。一般是因为土壤中的微量元素不足，病虫害也比较频发。茄科植物、鸢尾科植物要尽量避免这样的连续种植。可以在同一个地方轮流种植多种植物。

著作权合同登记号：图字 13-2013-014

Ketteiban Hajimete no Niwadukuri Hyakka

© Gakken Publishing 2011

First published in Japan 2011 by GAKKEN Publishing Co., Ltd., Tokyo

Chinese Simplified Character translation rights arranged with Gakken

Publishing Co., Ltd

图书在版编目（CIP）数据

超实用庭院景观大百科 / 日本学研社编辑部编；吴宣劭译 .

福州：福建科学技术出版社，2015.10（2019.5 重印）

ISBN 978-7-5335-4825-4

Ⅰ . ①超… Ⅱ . ①日…②吴… Ⅲ . ①庭院 - 景观 - 园林设计

Ⅳ . ① TU986.4

中国版本图书馆 CIP 数据核字（2015）第 194941 号

书　　名	**超实用庭院景观大百科**	
编　　者	日本学研社编辑部	
译　　者	吴宣劭	
出版发行	海峡出版发行集团	
	福建科学技术出版社	
社　　址	福州市东水路 76 号（邮编 350001）	
网　　址	www.fjstp.com	
经　　销	福建新华发行（集团）有限责任公司	
印　　刷	福州华悦印务有限公司	
开　　本	700 毫米 ×1000 毫米　1/12	
印　　张	16	
图　　文	192 码	
版　　次	2015 年 10 月第 1 版	
印　　次	2019 年 5 月第 5 次印刷	
书　　号	ISBN 978-7-5335-4825-4	
定　　价	48.00 元	

书中如有印装质量问题，可直接向本社调换